QUANGUOJIANSHEHANGYE
ZHONGDENGZHIYEJIAOYUGUIHUA
TUIJIANJIAOCAI

全国建设行业中等职业教育规划推荐教材【园林专业】

园林工程招投标与预决算

张 舟 ◎ 主编

中国建筑工业出版社

图书在版编目(CIP)数据

园林工程招投标与预决算/张舟主编．—北京：中国建筑工业出版社，2009

全国建设行业中等职业教育规划推荐教材（园林专业）
ISBN 978-7-112-10782-7

Ⅰ．园… Ⅱ．张… Ⅲ．①园林-工程施工-招标-专业学校-教材②园林-工程施工-投标-专业学校-教材③园林-工程施工-建筑预算定额-专业学校-教材④园林-工程施工-决算-专业学校-教材
Ⅳ．TU986.3

中国版本图书馆 CIP 数据核字（2009）第 029647 号

责任编辑：时咏梅　陈　桦
责任设计：董建平
责任校对：安　东　陈晶晶

全国建设行业中等职业教育规划推荐教材（园林专业）
园林工程招投标与预决算
张　舟　主编

*

中国建筑工业出版社出版、发行（北京西郊百万庄）
各地新华书店、建筑书店经销
北京天成排版公司制版
北京建筑工业印刷厂印刷

*

开本：787×1092毫米　1/16　印张：8½　字数：210千字
2009年5月第一版　2019年2月第三次印刷
定价：17.00元
ISBN 978-7-112-10782-7
(18033)

版权所有　翻印必究
如有印装质量问题，可寄本社退换
（邮政编码　100037）

本系列教材编写委员会
（按姓氏笔画排序）

编委会主任：陈　付　沈元勤
编委会委员：马　垣　王世动　刘义平　孙余杰　何向玲
　　　　　　张　舟　张培冀　沈元勤　邵淑河　陈　付
　　　　　　赵岩峰　赵春林　唐来春　徐　荣　康　亮
　　　　　　梁　明　董　南　甄茂清

《园林工程招投标与预决算》编写人员

主　　编：张　舟
参　　编：彭　晓　李　珩　孔　怡　张松涛　陈景成
　　　　　姜振海　李　立　赵　辉　任旋鹰　马　毅
　　　　　宋淑玲　郑　磊　韩效义　孙正辉　薛　君
　　　　　齐　冰　田雪娇　刘　畅

前　　言

随着经济建设的不断发展，人们对自己居住和生活的环境要求也越来越高了，这就要求我们要不断的提高自己的专业水平，尤其是园林专业中的施工、预算、设计、养护等越来越受到人们重视的今天，学好预算这门专业知识就显得更为重要了。

1999年由作者主编的《仿古建筑工程及园林工程定额与预算》一书首编问世，其后相关的理论书籍就不断地涌现，面对园林景观工程理论书籍的大量出版发行，而具有实践性能的书籍却是空白的局面，2005年又编写了《园林景观工程工程量清单计价编制实例与技巧》一书，受到了广大读者的欢迎。

这次根据园林专业教学大纲的安排，本着学与用相结合的宗旨，在总结多年教学和社会实践以及编写上述书籍经验的基础上，再次编写了这本《园林工程招投标与预决算》一书。本书在突出介绍园林景观预算相关理论知识与实际相结合的特点的同时，配置了相关的整套园林景观和园林建筑小品施工图与清单计价，以达到理论与实践相融合，图文并茂的效果。让读者学起来更容易，练起来更具实践性，从而培养了学生的动手能力。

目 录

第1章 绪论 /1

第2章 识图基本知识 /3

2.1 园林施工图的组成 /4
 2.1.1 图纸目录和总说明 /4
 2.1.2 园林施工图图纸 /4

2.2 园林施工图的识读 /5
 2.2.1 园林总施工图 /5
 2.2.2 园林平面图的识读 /13

第3章 园林工程预算 /27

3.1 园林工程预算基价 /28
 3.1.1 预算基价概念和特性 /28
 3.1.2 预算基价的作用 /28
 3.1.3 预算基价的内容和编排形式 /29
 3.1.4 园林预算基价的编制原则与依据 /30
 3.1.5 园林预算基价的应用 /30

3.2 园林工程预算的编制 /30
 3.2.1 园林工程预算的概念和编制依据、作用 /30
 3.2.2 园林工程预算的编制步骤 /31

3.3 园林工程工程量清单的编制 /32
 3.3.1 园林绿化工程工程量清单的编制 /32
 3.3.2 园林建筑小品工程工程量清单的编制 /40
 3.3.3 景观给水排水及喷泉灌溉设备安装工程工程量清单的编制 /57
 3.3.4 景观电气照明设备安装工程工程量清单的编制 /61

3.4 园林工程工程量编制技巧及注意的问题 /66
 3.4.1 怎样才能避免或是尽量不出现工程量编制中的错误 /66
 3.4.2 在查看施工图纸时要注意什么问题 /66
 3.4.3 为什么要经常去深入现场 /66
 3.4.4 为什么要熟悉基价 /66
 3.4.5 怎样才能掌握变化多端的市场价格 /67
 3.4.6 计算工程量时要注意的问题 /67
 3.4.7 怎样对已经计算出的预算价值进行一个大致的审查 /67

3.4.8　要了解所签合同的内容 /67
3.4.9　最后预算的审查要注意什么问题 /67
3.4.10　计算种植土需要注意的问题 /68
3.4.11　怎样避免计算中发生项目缺失 /68
3.4.12　园林景观工程给水排水工程、电气工程工程量清单编制技巧及注意问题 /68
3.5　计算机预算软件的应用 /70
3.5.1　软件安装和启动 /70
3.5.2　软件窗口布局及一般性控件 /70
3.5.3　软件中涉及到的一些名词 /71
3.5.4　操作步骤 /71
3.5.5　预算软件相关的操作系统 /72

第4章　园林工程的招标与投标 /73

4.1　园林工程的招标 /74
4.1.1　招标投标概述 /74
4.1.2　园林工程招标应具有的条件、方式、程序及相关内容 /74
4.1.3　招标方式与评标 /74
4.2　园林工程的投标 /77
4.2.1　投标的准备工作 /77
4.2.2　投标书的编制与报送 /77

第5章　园林工程竣工结算与决算 /79

5.1　园林工程竣工结算 /80
5.1.1　园林工程竣工结算的作用及依据 /80
5.1.2　园林工程竣工结算的编制方法 /80
5.2　园林工程竣工决算 /81

附录1　园林绿化工程——某小区绿化工程工程量清单编制实例 /83
附录2　园林建筑小品——某别墅工程工程量清单编制实例 /101
参考文献 /128

第1章 绪 论

随着我国国民经济的快速发展，综合国力有了明显的提高，人民的物质文化生活水平有了明显的改善，人们对环境质量和自己周边的环境生活提出了越来越高的要求。保护环境，强化生态系统建设，提高环境质量，已经成为摆在人们面前的一项不容回避的而又艰巨的任务。

由于城镇建设的不断发展和工业化规模的不断扩大，城镇绿化建设越来越受到人们的广泛重视。高水平、高质量的园林工程建设，既是改善生态环境和投资环境的需要，也是两个文明建设成果的体现，还是人们高质量生活、工作的基础。通过园林工程建设，植树造林，栽花种草，产生园林艺术精品，构成完整的绿地系统和优美的园林小品艺术景观，达到净化空气、防治污染、调节气候、改善生态、美化环境的目的。通过对园林工程的艺术性建设，从而构成富有广泛意境的五维空间，以满足人们现代生活的审美要求，成为21世纪人们追求的新时尚。园林建设工程项目不仅越来越多，而且精品、样板工程层出不穷，积累了丰富的经验。但是这些还有待于从理论高度加以系统的总结，以便更好地指导今后的实践工作。

园林工程建设是集建设科学、生物科学、艺术科学和经济管理科学于一体的一项事业。园林工程学科已发展为多学科交叉的一门学科，其建设者必须具备多学科的知识才能在这个领域中自由地翱翔。

园林建设工程属于基本建设的一个分支，随着社会经济的日益发展，人们物质生活水平和文化素质的不断提高，对日常生活、生产等活动的场所和室外环境的舒适、康乐的要求也越来越高。因此，作为一门单独的学科，园林建设越来越受到人们的重视。这充分反映了社会发展形势的需要。

园林建设工程的主要任务是通过施工创造出园林建设产品，包括各种园林建筑小品、仿古建筑等。这些园林建设产品的形式、结构、尺寸、规格、标准千变万化，所需要的人力、物力的消耗也不同。而且，由于园林建设产品的固定性，致使工程地点、施工条件、施工周期、投资效果等因素变化极大。因此，不可能用一个简单、统一的价格对这些园林建设产品进行精确的核算。但是，园林建设产品经过层层分解后，都具有许多共同的特征。例如，房屋工程都是由基础、墙体、屋面、地面等组成的；仿古建筑一般也是由台基、梁或木造部分和屋顶组成，构件的材料不外乎砖、石、木、钢材、混凝土等。工程做法虽不尽相同，但有统一的常用模式及方法，设备安装也可以按照专业及设备品种、型号、规格等加以区分。因而可以按照同等或相近的条件，确定单位分项工程的人工、材料、施工机械台班等消耗指标，再根据具体工程的实际情况按规定逐项计算，求其产品的价值。基价是计算产品价值的标准，预算是针对具体工程所核算的价值成果，它们都是园林建设工程中一项十分重要的基础性工作。

本书主要介绍园林绿化工程及园林小品工程的基价和预算及工程量清单的编制方法，重点介绍如何计算和应用。由于园林工程预算是属于经济管理范畴的学科，它要求预算编制人员应具备建筑结构、设计与施工等各方面的广泛知识，并具备一定的理论知识和实践经验，才能做好预算编制工作。因此书中还简要介绍了一些相关学科的基本知识，如园林建设识图知识等。当然，仅仅停留在理论条文的学习上是远远不够的，关键还在于加强实践锻炼，培养动手能力。只有结合具体工程多练、多算，从中悟出规律才能真正地掌握和理解这门学科。

练习题

1. 了解当前园林工程预算在园林建设中的作用。
2. 结合当地园林工程做一次园林工程预算的作用的市场调研。

第2章 识图基本知识

根据园林专业中专学生的特点，本章着重介绍有关园林植物、园林小品、园林道路、园林建筑、园林给水排水、园林电气的相关识图知识和常识，以便于学生在学习预算时能很好地读懂图纸，更准确地计算。

2.1 园林施工图的组成

园林工程的施工图是用来指导施工的一套图纸。它将整个园林工程按照施工的部位、形状、大小、性质的不同而分类。

园林行业是一个至今尚未形成规范的综合性行业，各地设计院和园林公司在施工图设计上也存在较大的差异，一套园林施工图纸，根据其作用和内容的不同，可分为两部分。

2.1.1 图纸目录和总说明

1) 图纸目录内容

(1) 文字或图纸的名称、图别、图号、图幅、基本内容、张数。

(2) 图纸编号以专业为单位，各专业各自编排各专业的图号。

(3) 对于大、中型项目，应按照以下专业进行图纸编号：园林、建筑、结构、给水排水、电气、材料附图等。

(4) 对于小型项目，可以按照以下专业进行图纸编号：园林、建筑及结构、给水排水、电气等。

(5) 每一专业图纸应该对图号加以统一标示，以方便查找。

2) 总说明包括工程概况和施工要求

(1) 设计依据及设计要求：应注明采用的标准图集及依据的法律规范。

(2) 设计范围。

(3) 标高及标注单位：应说明图纸文件中采用的标注单位，采用的是相对坐标还是绝对坐标，如为相对坐标，须说明采用的依据以及与绝对坐标的关系。

(4) 材料选择及要求：对各部分材料的材质要求及建议；一般应说明的材料包括：饰面材料、木材、钢材、防水疏水材料、种植土及铺装材料等。

(5) 施工要求：强调需注意工种配合及对气候有要求的施工部分。

(6) 经济技术指标：施工区域总的占地面积，绿地、水体、道路、铺地等的面积及占地百分比、绿化率及工程总造价等。

2.1.2 园林施工图图纸

1) 总施(包括总平面图、总竖向图、道路放线图、水系放线图、种植图、索引图)

园林总图部分应包括以下内容：总平面图、分区平面图、竖向设计图、放线定位图、铺装平面图、索引图等；对于简单小型工程，可不做分区平面图，并将竖向设计图与放线平面图合并，将铺装平面图与索引图合并。

(1) 总平面图。

(2) 分区平面图。

(3) 竖向设计图。

(4) 放线定位图。

(5) 铺装平面图。

(6) 种植平面图。
2) 分施(包括各个分区放线图)
3) 详施(各个节点、小品、构筑物大样图、平面立面剖面图、结构配筋图)
4) 专业施工图
(1) 水施(包括供水和排水设计图、喷灌系统设计图、喷泉系统设计图等)。
(2) 电施(包括照明设计图、电缆布置图和配电箱系统图等)。

2.2 园林施工图的识读

2.2.1 园林总施工图

1) 总平面图的识读

总平面图是拟建的园林绿地所在的地理位置和周边环境的平面布置图。

总平面图中应包括以下内容：

(1) 指北针(或风玫瑰图)，绘图比例(比例尺)，文字说明，景点、建筑物或者构筑物的名称标注，图例表。

(2) 道路、铺装的位置、尺度、主要点的坐标、标高以及定位尺寸。

(3) 小品主要控制点坐标及小品的定位、定形尺寸。

(4) 地形、水体的主要控制点坐标、标高及控制尺寸。

(5) 植物种植区域轮廓。

(6) 对无法用标注尺寸准确定位的自由曲线园路、广场、水体等，应给出该部分局部放线详图，用放线网表示，并标注控制点坐标。

(7) 园林建筑总平面图图例(表2-1)。

园林建筑总平面图图例　　　　　　　　　　　表2-1

序号	名　称	图　例	说　明
1	规划建筑物		用粗实线表示
2	原有建筑物		用中实线表示
3	规划扩建的预留地或建筑物		用中虚线表示
4	拆除建筑		用细虚线表示
5	地下建筑		用粗虚线表示
6	坡屋顶建筑		包括瓦顶、石片顶、饰面砖顶等
7	草顶建筑或简易建筑		
8	温室建筑		
9	洪水淹没线		阴影部分表示淹没区(可在底图背面涂红)
10	地表排水方向		
11	截水沟或排水沟		"1"表示1%的沟底纵向坡度，"40.00"表示变坡点的距离，箭头表示水流方向

续表

序号	名称	图例	说明
12	排水明沟	107.50 / 1 / 40.00	"1"表示1%的沟底纵向坡度,"40.00"表示变坡点的距离,箭头表示水流方向,"107.50"表示沟底标高
13	铺砌的排水明沟	107.50 / 1 / 40.00	
14	有盖的排水构	1 / 40.00	"1"表示1%的沟底纵向坡度,"40.00"表示变坡点的距离,箭头表示水流方向
15	雨水井		
16	消火栓井		
17	急流槽		
18	跌水		箭头表示水流方向
19	拦水(闸)坝		
20	透水路堤		边坡较长时,可在一端或两端局部表示
21	过水路面		
22	室内标高	151.00(±0.00)	
23	室外标高	●143.00 ▼143.00	室外标高也可采用等高线表示
24	护坡		
25	挡土墙		突出的一侧表示被挡土的一方
26	喷灌点		
27	道路		
28	铺装路面		
29	台阶		箭头指向表示向上
30	铺砌场地		也可根据设计形态表示
31	车行桥		也可根据设计形态表示
32	人行桥		

续表

序号	名称	图例	说明
33	亭桥		
34	铁索桥		
35	汀步		

2) 分区平面图

对于复杂园林工程，应采用分区将整个工程分成3~4个区，分区范围用粗虚线表示，分区名称宜采用大写英文字母或罗马字母表示。

3) 竖向设计图

竖向设计图中应包括以下内容：

(1) 建筑物、构筑物的室内标高。

(2) 场地内的道路(含主路及园林小路)、道牙标高，广场控制点标高，绿地标高，小品地面标高，水景内水面、水底标高。

(3) 道路转折点、交叉点、起点、终点的标高；排水沟及雨水箅子的标高。

(4) 绿地内地形的标高。

(5) 用坡面箭头表示地面及绿地内排水方向。

(6) 指北针，绘图比例。

在竖向设计图中，可采用绝对标高或相对标高表示；规划设计单位所提供的标高应与园林设计标高区分开，园林设计标高应依据规划设计标高而来，并与规划设计标高相闭合；可采用不同符号来表示，如绿地、道路、道牙、水底、水面、广场等标高。

4) 放线定位图

放线网格及定位坐标应采用相对坐标，为区别于绝对坐标，相对坐标用大写英文字母 A、B 表示；相对坐标的起点宜为建筑物的交叉点或道路的交叉点。

尺寸标注单位可为米(m)或毫米(mm)，定位时应采用相对坐标与绝对尺寸相结合进行定位。

放线定位图中应包括以下内容：

(1) 路宽大于等于4m时，应用道路中线定位道路；道路定位时应包括：道路中线的起点、终点、交叉点、转折点的坐标，转弯半径，路宽(应包含道路两侧道牙)。对于园林小路，可用道路一侧距离建筑物的相对距离定位，路宽已包含路两侧道牙宽度。

(2) 广场控制点坐标及广场尺度。

(3) 小品控制点坐标及小品的控制尺寸。

(4) 水景的控制点坐标及控制尺寸。

(5) 对与无法用标注尺寸准确定位的自由曲线园路、广场等，应做该部分的局部放线详图，用放线网表示，但须有控制点坐标。

(6) 指北针、绘图比例。

(7) 图纸说明中应注明相对坐标与绝对坐标的关系。

(8) 小品设施图例(表2-2)。

小品设施图例　　　　　　　　　　　　　　　　表2-2

序号	名称	图例	序号	名称	图例
1	喷泉		6	围墙	
2	雕塑		7	栏杆	
3	花台		8	园灯	
4	坐凳		9	饮水台	
5	花架		10	指示牌	

5）铺装平面图

铺装平面图中应包括以下内容：

(1) 铺装道路的材质及颜色。

(2) 铺装广场的材质及颜色。

(3) 道牙的材质及颜色。

(4) 铺装分格示意。

(5) 对不再进行铺装详图设计的铺装部分，应标明铺装的分格、材料规格、铺装方式，并应对材料进行编号。

6）种植平面图

园林植物的平面图是指园林植物的水平投影图。一般都采用图例概括地表示，其方法为用圆圈表示树冠的形状和大小，用黑点表示树干的位置和树干的粗细，树冠的大小应根据树龄按比例画出。

我们以本书附录一为例，在附录一中是一个园林景观小区的施工图，该图的第一个图纸就是该小区的总平面图，图中用指北针来表示该工程的朝向，圆形花坛、八角花坛、连座花坛、花架、伞亭以及两侧花墙中的矮式花台、高式花台的位置，以及图纸比例。由于该小区是个小型的园林景观，所以该图中把总平面图和植物种植图等合成一张图纸表示出来。

植物图例（表2-3），植物枝干、树冠图例（表2-4）和风景园林图例（表2-5）。

植物图例　　　　　　　　　　　　　　　　表2-3

序号	名称	图例	说明
1	落叶阔叶乔木		落叶乔、灌木均不填斜线。 常绿乔、灌木加画45°细斜线。 阔叶树的外围线用弧裂形或圆形线。 针叶树的外围线用锯齿形的斜刺形线。 乔木外形成圆形。 灌木外形成不规则形，乔木图例中粗线小圆表示现有乔木，细线小十字表示设计乔木。 灌木图例中黑点表示种植位置。 凡大片树林可省略图例中的小圆、小十字及黑点
2	常绿阔叶乔木		
3	落叶针叶乔木		
4	常绿针叶乔木		
5	落叶灌木		
6	常绿灌木		

续表

序号	名称	图例	说明
7	阔叶乔木疏林		
8	针叶乔木疏林		常绿林或落叶林根据图面表现的需要加或不加 45°细斜线
9	阔叶乔木密林		
10	针叶乔木密林		
11	落叶灌木疏林		
12	落叶花灌木疏林		
13	常绿灌木密林		
14	常绿花灌木密林		
15	自然形绿篱		
16	整形绿篱		
17	镶边植物		
18	一、二年生草本花卉		
19	多年生及宿根草本花卉		
20	一般草皮		
21	缀花草皮		
22	整形树木		
23	竹丛		

续表

序号	名称	图例	说明
24	棕榈植物		
25	仙人掌植物		
26	藤本植物		
27	水生植物		

植物枝干、树冠图例 表2-4

序号	名称	图例	说明
1	主轴干侧分支形		
2	主轴干无分支形		
3	无主轴干多枝形		
4	无主轴干垂枝形		
5	无主轴干丛生形		
6	无主轴干匍匐形		
7	圆锥形		树冠轮廓线,凡针叶树用锯齿形;凡阔叶树用弧裂形表示
8	椭圆形		
9	圆球形		
10	垂枝形		
11	伞形		
12	匍匐形		

风景园林图例　　　　　　　　　　　　　　　表 2-5

序号	名称	图例	说明
1	景点		
2	古建筑		
3	塔		
4	宗教建筑		(佛教、道教、基督教……)
5	牌坊、牌楼		
6	溶洞		
7	温泉		
8	瀑布跌水		
9	山峰		
10	森林		
11	古树名木		
12	墓园		
13	文化遗址		
14	民风民俗		
15	桥		
16	动物园		
17	湖泊		
18	海滩		溪滩也可以用此图例
19	奇石、礁石		
20	陡崖		

续表

序号	名　称	图　例	说　明
21	公共汽车站		
22	风景区管理站		
23	码头港口		
24	餐饮服务点		
25	医疗设施点		
26	野营地		
27	游泳场		
28	停车场		室内停车场外框用虚线表示
29	垃圾处理站、掩埋场		
30	旅游宾馆		
31	度假村、疗养所		
32	公用电话		
33	消防站、消防专用房间		
34	游船处		
35	厕所		
36	银行、金融机构		
37	邮电所(局)		
38	公安、保卫站		包括各级派出所、处、局
39	植物园		
40	烈士陵园		

2.2.2 园林平面图的识读

了解施工图的性质、范围和朝向,有助于了解整个园区的地形、布局,明确新建园林小品和景物的平面位置。同时,还应了解植物配置情况、种植要求等。

以附录1的园林景观小区为例,我们从该工程的平面布局中可以看出,这个楼间的景观小区便于人们通行,是双向开口的,中间设置了花坛、花架,两边花墙是用花台、伞亭、花架来形成景观效果的。

1) 地形施工图的识读

了解工程设计的内容、所处方位和整个地形地貌的走向。看等高线的分布及高程的标注,了解地形高低变化、水体深度、种植要求高度、起伏状况等。了解园林小品的标高以及山石、道路的高程,由此注意排水方向。通过阅读施工图纸的坐标确定施工放线依据。

2) 园林种植施工图的识读

通过对园林种植图的识读可以了解工程的设计意图、绿化目的和所要达到的绿化效果,明确种植要求,以便组织施工,做出工程预算和选苗时注意问题等。了解工程所处方位、当地季节主导风向;根据图例植物编号,对照苗木统计表和有关的种植说明要求,了解所需种植的种类、数量、大小规格、培植方式等。明确植物种植的位置及定点放线的基准。

3) 园林建筑施工图的识读

(1) 一般园林建筑施工图的识读

园林建筑施工图包括建筑的平面图、立面图、剖面图及建筑详图。园林建筑施工图是反映建筑物各部形状、构造、大小及做法的施工图,它是园林建筑施工的重要依据。

从园林建筑平面图中我们能够了解图名、比例和方位,明确平面的形状和大小、轴间尺寸、柱的布局及断面形状。在对照平面图的同时可以阅读立面图和剖面图,了解园林建筑的外部形状和内部构造以及各个构造的标高、做法等。在识读好上述三个图后,通过识读详图明确各细部的形状、大小及构造。再根据详图符号和索引符号及剖切符号,找到相应的所指部位,对照识图。

构造配件图例(表2-6)。

建筑制图标准 GB/T 50104—2001 构造配件图例　　　　　表2-6

序号	名　称	图　例	说　明
1	墙体		应加注文字或是填充图例表示墙体材料并在项目说明图例里给予说明
2	隔断		包括板条抹灰、木制、石膏板、金属材料等隔断
3	栏杆		
4	楼梯		1. 上图为底层楼梯平面,中图为中间层楼梯平面,下图为顶层楼梯平面。 2. 楼梯及栏杆扶手的形式和梯段踏步数应按实际情况绘制

续表

序号	名称	图例	说明
5	坡道	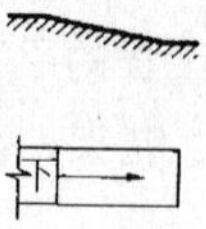 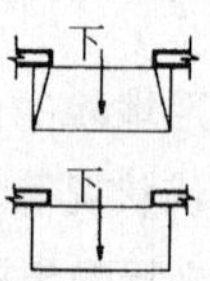	上图为长坡道,下图为门口坡道
6	平面高差		适用于高差小于100mm的两个地面或楼面相接处
7	检查孔		左图为可见检查孔,右图为不可见检查孔
8	孔洞		阴影部分可以涂色代替
9	坑槽		
10	墙预留洞	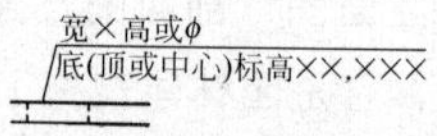 宽×高或φ / 底(顶或中心)标高××.×××	1. 以洞中心或洞边定位。 2. 宜以涂色区别墙体和留洞位置
11	墙预留槽	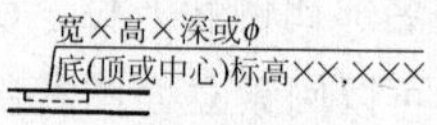 宽×高×深或φ / 底(顶或中心)标高××.×××	
12	烟道	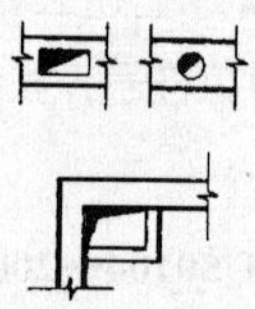	1. 阴影部分可以涂色代替。 2. 烟道与墙体为同一材料,其相接处墙身线应断开
13	通风道	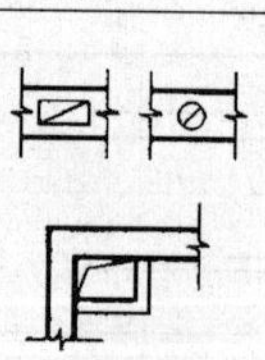	
14	新建的墙和窗	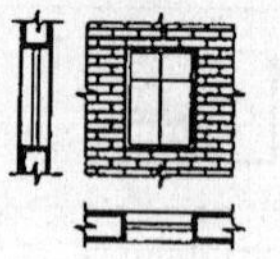	1. 本图以小型砌块为图例,绘图时应按所用材料绘制,不宜以图例绘制,可在墙面上加注文字或代号。 2. 小比例绘图时平、剖面窗线可用单粗线表示
15	空门洞	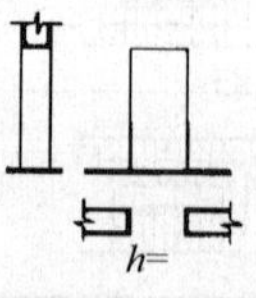	h 为门洞高度

续表

序号	名　称	图　例	说　明
16	单扇门(包括平开或单面弹簧)		1. 门的名称代号为 M。 2. 图例中剖面图左为外、右为内，平面图下为外、上为内。 3. 立面图上开启方向线交角的一侧为安装合页的一侧，实线为外开，虚线为内开。 4. 平面图上门线应90°或45°开启，开启弧线宜绘出。 5. 立面图上的开启线在一般设计图中可不表示，在详图及室内设计图上应表示。 6. 立面形式应按实际情况绘制
17	双扇门(包括平开或单面弹簧)		
18	对开折叠门		
19	推拉门		1. 门的名称代号为 M。 2. 图例中剖面图左为外、右为内，平面图下为外、上为内。 3. 立面形式应按实际情况绘制
20	单扇双面弹簧门		1. 门的名称代号为 M。 2. 图例中剖面图左为外、右为内，平面图下为外、上为内。 3. 立面图上开启方向线交角的一侧为安装铰链的一侧，实线为外开，虚线为内开。 4. 平面图上门线应90°或45°开启，开启弧线宜绘出。 5. 立面图上的开启线在一般设计图中可不表示，在详图及室内设计图上应表示。 6. 立面形式应按实际情况绘制
21	双扇双面弹簧门		
22	转门		
23	单层外开平开窗		1. 窗的名称代号为 C。 2. 立面图中的斜线表示窗的开启方向，实线外开，虚线内开；开启方向线交角的一侧为安装铰链的一侧，一般设计图中可不表示。 3. 图例中，剖面图所示左为外，右为内，平面图中下为外、上为内。 4. 平面图和剖面图上的虚线仅说明开关方式，在设计图中不需要表示。 5. 窗的立面形式应按实际情况绘制。 6. 小比例绘图时平、剖面的窗线可用单粗实线表示
24	推拉窗		
25	百叶窗		

我们以本书附录2园林建筑小品为例,在该工程的首层平面图和二层平面图中,从入口往里面看,可以了解到:
① 图名:平面图;
② 比例:1∶100;
③ 朝向:坐北朝南;
④ 外墙墙厚360mm,内墙墙厚240mm(一层书房处因到二楼就成为外墙,所以该墙墙厚为360mm);
⑤ 标高:一层室内为±0.000m,一层车库和储存室为-0.15m,二层为3.00m,二层露台2.98m;
⑥ 楼梯:三跑楼梯;
⑦ 室外:周圈有800mm宽的散水,入口处有花台和台阶,车库入口处设置了1500mm×4000mm的坡道;
⑧ 别墅总外尺寸为:13080mm×13680mm。

从立面图和剖面图可以了解到(对照平面图来看):
① 门窗的位置和形式;
② 各个部位的标高。

从详图中可以了解到:
① 墙体各个部位的标高和高度。
② 混凝土过梁、圈梁、楼板、女儿墙、散水和屋顶压顶的位置和尺寸。比如,通过图纸我们可以了解到散水的坡度是4%;屋顶女儿墙的高度是440mm,宽度是240mm。
③ 屋顶详图可以了解到屋顶的排水方向、排水的坡度、雨水管的位置和数量等。

(2) 假山施工图的识读

假山根据使用材料的不同可分为:土山、石山、塑假山等。我们以常见的石山为例,假山施工图主要包括平面图、立面图、断面图、基础平面图、基础详图等。

平面图主要表示假山的平面位置、各个部位的平面形状、周围地形和假山在总平面中的位置,可以了解比例、方位、轴线编号。

立面图则表现山体的立面造型及主要部位、高度,可与平面图配合阅读来反映出山石的峰、峦、洞、壑的相互位置。从立面图中可以了解到山体各个部位的形状和高度,结合平面图辨析其前后层次及其布局特征。

剖面图表示的是假山比较复杂之处的内部构造及结构形式,断面形状、材料、做法和施工要求。

基础平面图及基础详图则是表示基础的平面位置及形状,断面剖面形状、材料、做法、施工要求等。

常用园林建筑材料图例(表2-7)。

常用园林建筑材料图例　　　　　　　　　　表2-7

序号	名　称	图　例	说　明
1	自然土壤		包括各种自然土壤
2	夯实土壤		

续表

序号	名　称	图例	说　明
3	砂、灰土		靠近轮廓线绘较密的点
4	砂砾石、碎砖三合土		
5	石材		
6	毛石		
7	普通砖		包括实心砖、多孔砖、砌块等砌体。断面较窄不易绘出图例线时，可涂红
8	耐火砖		包括耐酸砖等砌体
9	空心砖		指非承重砖等砌体
10	饰面砖		包括铺地砖、陶瓷锦砖、人造大理石等
11	焦渣、矿渣		包括与水泥、石灰等混合而成的材料
12	混凝土		本图例指能承重的混凝土及钢筋混凝土。包括各种强度等级、骨料、外加剂的混凝土。在剖面图上画出钢筋时，不画图例线。断面图形小，不易画出图例时，可涂黑
13	钢筋混凝土		
14	多孔材料		包括水泥珍珠岩、沥青珍珠岩、泡沫混凝土、非承重加气混凝土、软木、蛭石制品等
15	纤维材料		包括矿棉、岩棉、玻璃棉、麻丝、木丝板、纤维板等
16	泡沫塑料		包括聚苯乙烯、聚乙烯、聚氨酯等多孔聚合物类材料
17	木材		上图为横断面，上左图为垫木、木砖或木龙骨。下图为纵断面
18	胶合板		应注明为 X 层胶合板
19	石膏板		包括圆孔、方孔石膏板、防水石膏板等
20	金属		包括各种金属。图形小时，可涂黑
21	网状材料		包括金属、塑料网状材料。应注明聚体材料名称
22	液体		应注明具体液体名称
23	玻璃		包括平板玻璃、磨砂玻璃、夹丝玻璃、钢化玻璃中空玻璃、加层玻璃、镀膜玻璃等

续表

序号	名称	图例	说明
24	橡胶		
25	塑料		包括各种软、硬塑料及有机玻璃等
26	防水材料		构造层次多或比例大时，采用上面图例
27	粉刷		本图例采用较稀的点

注：序号1、2、5、7、8、9、13、14、16、17、18、19、20、24、25图例中的斜线、短斜线、交叉斜线等一律为45°。

(3) 驳岸工程施工图的识读

驳岸施工图包括驳岸平面图和断面图及详图。驳岸平面图表示驳岸线的位置与形状，一般驳岸线因为平面形式多为自然曲线，无法标注各部尺寸，为便于施工，一般采用方格网来控制。详图则是表示某一区段的构造、尺寸、材料、做法要求及主要部位的标高(岸顶、最高水位、基础尺位等)。

(4) 园路工程施工图的识读

园路施工图主要包括平面图、纵断面图和横断面图。平面图主要是表示园路的平面布置情况，包括园路所在范围内的地形及建筑设施，路的宽度与高程。一般用坐标方格网控制园路的平面形状。纵断面图是用假设铅锤切平面沿路中心轴线剖切，然后将所得断面展开而成的立面图。横断面图则是假设用铅锤切平面垂直园路中心轴线剖切而形成的断面图，一般与局部平面图相配合，表示园路的断面形状、尺寸、各层材料、做法、施工要求、路面布置及艺术效果等。为便于施工，对具有艺术性的铺装图案应绘制平面大样板图，并标注尺寸。

4) 园林结构施工图的识读

(1) 常用代号与标注

在园林结构施工图中，各种承重构件都是要用代号来表示的。常用的构件代号(表2-8)。

结构常用构件代号　　　　　　　　表2-8

序号	名称	代号	序号	名称	代号
1	板	B	13	梁	L
2	屋面板	WB	14	屋面梁	WL
3	空心板	KB	15	吊车梁	DL
4	槽形板	CB	16	单轨吊车梁	DDL
5	折板	ZB	17	轨道连接	DGL
6	密肋板	MB	18	车挡	CD
7	楼梯板	TB	19	圈梁	QL
8	盖板或沟盖板	GB	20	过梁	GL
9	挡雨或檐口板	YB	21	连系梁	LL
10	吊车安全走道板	DB	22	基础梁	JL
11	墙板	QB	23	楼梯梁	TL
12	天沟板	TGB	24	框架梁	KL

续表

序号	名称	代号	序号	名称	代号
25	框支梁	KZL	40	挡土墙	DQ
26	屋面框架梁	WKL	41	地沟	DG
27	檩条	LT	42	柱间支撑	ZC
28	屋架	WJ	43	垂直支撑	CC
29	托架	TJ	44	水平支撑	SC
30	天窗架	CJ	45	梯	T
31	框架	KJ	46	雨篷	YP
32	钢架	GJ	47	阳台	YT
33	支架	ZJ	48	梁垫	LD
34	柱	Z	49	预埋件	M-
35	框架柱	KZ	50	天窗端壁	TD
36	构造柱	GZ	51	钢筋网	W
37	承台	CT	52	钢筋骨架	G
38	设备基础	SJ	53	基础	J
39	桩	ZH	54	暗柱	AZ

在结构施工图中，钢筋的直径、根数或是相邻钢筋中心距一般采用引出线方式标注，常用的钢筋代号和标注(表2-9、图2-1)。

常用钢筋代号　　　　　　　　　　表2-9

	种类	符号	d(mm)	f_{YK}(N/mm²)
热轧钢筋	HPB235(Q235)	ф	8~20	235
	HRB335(20MnSi)	Φ	6~50	335
	HRB400(20MnSiV、20MnSiNb、20MnTi)	Φ	6~50	400
	RRB400(K20MMnSi)	ΦR	8~40	400

图 2-1　常用钢筋标注

(a)标注钢筋的根数和直径；(b)标注钢筋的直径和相邻钢筋中心距

(2) 基础施工图的识读

基础图是表示建筑物相对标高±0.000m以下基础部分的平面布置图、详细构造图。基础图通常包括基础平面图、基础详图和说明三部分。

基础平面图，按照绘图规范只画出基础墙、柱及它们的基础底面的轮廓线，其他基础线段只反映在详图中。基础平面图一般标示出与建筑平面相一致的定位轴线编号和轴线尺寸。

基础详图一般是用较大的比例绘制出的基础局部构造图，并在图中表示出基础各部分的形状、大小、构造及基础的埋置深度，并用规范的图例来表示出基础各部位所有的建筑材料。

我们以附录2园林建筑小品——别墅为例，该工程的基础平面图是有三组剖切面的，对照基础的详图就可以看出。从详图中可以了解到基础的各个部位的尺寸、做法、所用材料、放脚的大小、垫层的尺寸等。

(3) 园林结构平面图的识读

结构平面图是表示园林建筑室外地面以上各层平面承重构件的布置的图样。一般包括有图名、比例、定位轴线及其编号、轴线尺寸、楼层结构构件的布置和施工说明。

屋顶结构平面图是表示屋顶结构平面布置的图，其图例内容与一般楼层结构施工图相同。

我们以附录2园林建筑小品——别墅为例，该工程的楼层结构平面图由两层组成，中间多是楼板的配筋情况，墙的部位标注了圈梁、过梁、构造柱、雨篷、阳台等的位置。在识读中应该特别注意各个构件的代号和编号，比如：圈梁外墙当中以QL1为主，当然也有QL1A的，内墙有QL2也有QL1B，所以识读中特别要注意，这样才能在计算中不发生错误。

(4) 钢筋混凝土构件详图的识读

钢筋混凝土构件详图是钢筋翻样、制作、绑扎、现场支模、浇筑混凝土的依据。详图中一般标有：构件的名称、代号、比例；构件定位轴线及其编号；构件形状、尺寸、预埋件代号及布置；构件的配筋；钢筋尺寸和构造尺寸，构件底面标高；施工说明等。

我们以附录2园林建筑小品——别墅为例，从该工程的结构详图中可以了解到：

① 圈梁的配筋、高宽、铺设的高度；

② 梁的配筋、高宽、铺设的高度；

③ 雨篷的配筋、长宽、铺设的位置；

④ 过梁的配筋、长度、断面、根数、铺设的位置(通过察看门窗过梁表并与结构施工图来比较，可以很清楚地了解到各代号过梁的具体尺寸和具体情况)；

⑤ 楼梯段、楼梯梁、踏步、斜梁、扶手、栏杆的位置，尺寸，大小，材料做法和楼梯基础做法、尺寸等；

⑥ 构造柱的尺寸、断面、配筋等。比如，断面尺寸是240mm×240mm。

5) 园林给水排水施工图的识读

(1) 园林给水排水施工图的组成

给水排水施工图可分为室内给排水施工图和室外给水排水施工图两大类，它们一般都是由基本图和详图组成的。基本图包括管道平面布置图、剖面图、系统轴测图、原理图和说明。

室内给水排水施工图表示建筑物内部的给水工程和排水工程(如厕所、浴室、实验室等)，主要包括平面图、系统图和详图。

室外给水排水施工图表示一个区域或是一个厂区的给水工程设施和排水工程设施，主要包括管道总平面图、纵断面图和详图。而我们重点介绍的是园林景观工程中的水景工程、绿地喷灌工程，这类工程施工图主要包括管道总平面图、系统图和详图。

给水排水及绿化浇灌系统图例(表2-10)。

给水排水及绿化浇灌系统图例

表 2-10

序号	名称	图例	序号	名称	图例
1	喷泉		20	金属软管	
2	阀门(通用)、截止阀		21	绝热管	
3	闸阀		22	保护套管	
4	手动调节阀		23	伴热管	
5	球阀、软心阀		24	固定支架	
6	蝶阀		25	介质流向	→ 或 ⇒
7	角阀	或	26	坡度及坡向	$i=0.003$ 或 $i=0.003$
8	平衡阀		27	套管伸缩器	
9	三通阀	或	28	方形伸缩器	
10	四通阀		29	刚性防水套管	
11	节流阀		30	柔性防水套管	
12	膨胀阀	或	31	波纹管	
13	旋阀		32	可曲挠橡胶接头	
14	快放阀		33	管道固定支架	
15	止回阀		34	管道滑动支架	
16	减压阀	或	35	立管检查口	
17	法兰盖		36	水泵	平面 系统
18	丝堵		37	潜水泵	
19	可曲挠橡胶软接头		38	定量泵	

续表

序号	名 称	图 例	序号	名 称	图 例
39	管道泵		52	正三通	
40	清扫口	平面 系统	53	斜三通	
41	通气阀	成品 钢丝球	54	正四通	
42	雨水斗	YD 平面 YD 系统	55	斜四通	
43	排水漏斗	平面 系统	56	温度计	
44	圆形地漏		57	压力表	
45	方形地漏		58	自动记录压力表	
46	自动冲洗水箱		59	压力控制器	
47	挡墩		60	水表	
48	减压孔板		61	pH值传感器	pH
49	短管		62	温度传感器	T
50	存水弯		63	真空表	
51	弯头		64	氯传感器	Cl

(2) 园林给水排水施工图的识读

园林给水排水施工图一般包括园林管线工程综合平面图和管线交叉标高图和说明等。管线工程综合平面图施工图采用的比例与一般园林施工图的比例相同，交叉管线复杂时一般采用局部放大比例。在综合管线平面图中标注了各种管线具体的位置、管线交叉点、转折点、坡度变化点、管线起止点等，一般用坐标点来加以区分，并标注了管线的定位尺寸。因为园路是采用不规则的布局，所以管线为了精确布置采用网格法标注。园林管线工程图中包含雨水管、污水管、给水管等。给水管由城市干道主管引入，排水管采用雨水、污水分流，每段管长、管径、坡度、流向均用数字和箭头准确标注。

6) 园林电气施工图

(1) 园林电气施工图的组成

园林电气施工图一般包括图纸目录、施工设计说明、电气系统图、电气原理图和详图、主要设备材料表等。

电气常用线型及线宽(表2-11);常用比例(表2-12);电气敷设、安装的标注(表2-13);电气设备的标注(表2-14)。

电气常用线型及线宽　　　　　　　　　　表2-11

序号	名　称	线　型	图　例	一般应用
1	粗实线	———	b	常用线,如方框线、主汇流条、母线、电缆
2	粗虚线	-----	b	隐含线,如主汇流条、母线、电缆
3	中粗实线	———	0.5b、0.75b	基本线、常用线,如导线、设备轮廓线
4	中粗虚线	-----	0.5b、0.75b	隐含线,如导线
5	细实线	———	0.25b	基本线、常用线,如控制线、信号线、建筑轮廓线、各种标注线
6	细虚线	-----	0.25b	辅助线、屏蔽线。隐含线,如控制线、信号线、轮廓线
7	细点划线	—·—·—	0.25b	分界线,结构、功能、单元相同的围框线
8	长短划线	—··—··—	0.25b	分界线,结构、功能、单元相同的围框线
9	双点划线	—··—··—	0.25b	辅助围框线
10	折断线	∿	0.5b、0.25b	断开界线
11	波浪线	～～	0.5b、0.25b	断开界线

常用比例　　　　　　　　　　　表2-12

序号	名　称	图　例	备　注
1	总平面图、规划图	1:5000、1:2000、1:1000、1:500、1:300	宜与总图专业一致
2	电气竖井,设备间,变配电室平、剖面图	1:100、1:50、1:30	
3	建筑电气平面图	1:200、1:150、1:100、1:50	宜与建筑专业一致
4	详图、大样图	1:50、1:20、1:10、1:5、1:2、1:1、2:1、5:1、10:1、20:1	

电气敷设及安装的标注　　　　　　　　　　表2-13

序号	名　称	字母代号	序号	名　称	字母代号
	线路敷设方法的标注		8	直埋敷设	DB
1	穿焊接钢管敷设	SC	9	电缆沟敷设	TC
2	穿电线管敷设	MT	10	混凝土排管敷设	CE
3	穿硬塑料管敷设	PC		导线敷设部位的标注	
4	电缆桥架敷设	CT	1	暗敷设在梁内	BC
5	金属线槽敷设	MR	2	沿或跨柱敷设	AC
6	塑料线槽敷设	PR	3	沿墙面敷设	WS
7	穿金属软管敷设	CP	4	暗敷设在墙内	WC

续表

序号	名　称	字母代号	序号	名　称	字母代号
5	沿顶板面敷设	CE	4	壁装式	W
6	暗敷设在屋面或顶板内	CC	5	吸顶式	C
7	吊顶内敷设	SCE	6	嵌入式	R
8	地板或地面下敷设	FC	7	吊顶内安装	CR
灯具安装方法的标注			8	墙壁内安装	WR
1	线吊式、自在器线吊式	SW	9	支架上安装	S
2	链吊式	CS	10	柱上安装	CL
3	管吊式	DS	11	座装	HM

电气设备的标注　　　　　　　　　　　　　　表 2-14

序号	名　称	图　例
1	投光灯,一般符号	
2	聚光灯	
3	泛光灯	
4	C—吸顶灯 E—应急灯 G—圆球灯 L—花灯 P—吊灯 R—筒灯 W—壁灯 EN—密封灯 LL—局部照明灯	根据需要"★"用字母标注在图形符号旁边区别不同类型灯具。
5	1P—单相(电源)插座 3P—单相(电源)插座 1C—单相暗敷(电源)插座 3C—三相暗敷(电源)插座 1EN—单相密闭(电源)插座 3EN—三相密闭(电源)插座	根据需要"★"用字母标注在图形符号旁边区别不同类型插座
6	带指示灯的限时开关	
7	按钮	
8	电动机	M

续表

序号	名 称	图 例
9	发电机	G
10	电度表	Wh
11	热能表	HM
12	楼层显示器	FI
13	防火卷帘控制器	RS
14	防火门磁释放器	RD
15	烟感探测器	∫
16	输出模块	O
17	输入模块	I
18	输入输出模块	I/O
19	压力开关	P
20	火灾警铃	⌒R⌒

(2) 园林电气施工图的识读

电气平面图是表示各种电气设备及线路平面布置的图纸。一般包括电力平面图、照明平面图、防雷接地平面图及弱电平面图等。照明平面图就是在建筑平面图的基础上绘出的电气照明装置、线路分布、照明配电箱的平面位置。

电力系统图是用比较抽象的电力图形符号来概括工程的供电方式的一种图样，它集中反映了电气工程的规模和电气设备的主要参数。

电气详图是安装工程的局部安装大样，配件构造等均要用电气详图来施工完成，它主要表明电气设备安装和电气线路敷设的详细做法和要求。

练习题

1. 一套园林施工图纸由哪些部分组成？它们各自主要包含的内容是什么？
2. 结合附录1、附录2熟记一般总平面图和平面图、结构图的图例和代号。
3. 结合附录1、附录2识读清楚该附录中的施工图纸。

第3章 园林工程预算

3.1 园林工程预算基价

3.1.1 预算基价概念和特性

1) 概念

园林工程预算基价就是指在正常的施工条件下，完成一定计量的合格的园林建筑产品所必须的劳动力、机械台班、材料和资金消耗的数量标准。实行基价的目的是力求用最少的人力、物力、财力生产出符合质量标准的合格的园林建设产品，取得最好的经济效益。基价既是使园林建设活动中的计划、设计、施工、安装各项工作取得最佳经济效果的有效工具，也是衡量考核上述工作效益的尺度。它在企业管理中占有十分重要的地位。尤其是如今推行投资包干制和招标承包制的体制下，基价既是签订投资包干协议，计算招标标底和投标标价，签订总包和分包协议的主要依据，随着改革的不断深入和发展，基价作为企业科学管理的基础，必将进一步得到完善和提高。

2) 特性

基价具有科学性、法令性、群众性及地域性。

(1) 科学性

基价是用科学的方法在总结经验的前提下，根据技术测定和统计、分析、综合而指定的，能反映产品的劳动消耗的客观需要量。基价包括了一般设计施工情况下所需的全部工序、内容和人工、材料、机械台班的数量。基价体现了已经推广中的新结构、新材料、新技术和新方法，以及正常条件下能达到的平均先进的水平，能正确反映当前生产水平的单位产品所需的生产消耗量。

(2) 法令性

经国家或授权单位颁发的基价，具有法令性。属于规定范围内的任何单位都必须认真地贯彻执行，不得任意变更。同时基价的法令性也保证了对企业和工程项目有了一个统一的核算尺度，使国家对工程的经济效果和施工管理水平能够实行统一的考核和监督。

(3) 群众性

基价是广大群众实践的结果。表现在基价的制定和执行都具有广泛的群众基础。基价的水平主要取决于园林建设工人所创造的劳动生产能力水平。因此，基价中各种消耗的数量标准是园林各企业职工群众劳动和智慧的结晶。

(4) 地域性

我国幅原辽阔，地域复杂，各地的自然资源条件、树木植物的生长环境以及社会经济条件差异较大，因此必须采用不同的预算基价。

3.1.2 预算基价的作用

预算基价是确定一定计量单位的分项工程的人工、材料和施工机械台班合理消耗的数量标准。

预算基价是工程建设中一项重要的技术经济法规，它规定了施工企业和建设单位在完成施工任务时所允许消耗的人工、材料和机械台班的数量限额，它确定了国家、建设单位和施工企业之间的技术经济关系，在我国建设工程中占有十分重要的地位和作用。其主要作用如下：

(1) 它是编制单位估价表的依据。

(2) 它是编制园林工程施工图预算，确定工程造价的依据。

(3) 在招标投标中它是编制招标标底的依据。

(4) 它是编制施工组织设计、确定劳动力、建筑材料、成品和施工机械台班需用量的依据。
(5) 它是拨付工程价款和进行工程竣工结算的依据。
(6) 它是施工企业贯彻经济核算，进行经济活动分析的依据。
(7) 它是设计部门对设计方案进行技术经济分析的工具。

总之，编制和执行好预算基价，充分发挥其作用，对于合理确定工程造价，推行以招标承包制为中心的经济责任制，监督基本建设投资的合理使用，促进经济核算，改善企业经营管理，降低工程成本，提高经济效益，都具有十分重要的现实意义。

3.1.3 预算基价的内容和编排形式

1) 预算基价的内容

预算基价手册主要由文字说明、基价项目表、附录三部分组成。

(1) 文字说明部分。

① 总说明：在总说明中主要阐述预算基价的用途、编制依据、适用范围，基价中已经考虑和没有考虑的因素，使用基价中应注意的问题；

② 分部工程说明：这一部分是基价手册的重要组成部分，主要阐述的是本分部工程多包括的主要项目，编制中的有关问题的说明，基价应用时的具体规定和处理方法；

③ 分节说明：该部分是对本节所包含的工程内容及使用的相关说明。

(2) 基价项目表。

基价项目表列出每一个分项工程中的人工、材料、机械台班消耗量及相应的各项费用，是预算基价手册的核心内容。基价项目表由分项工程内容，基价计量单位，基价编号，预算单价，人工、材料消耗量，相关费用、机械费用，附注等组成。

(3) 附录。

附录列在基价手册的最后，其主要内容是建筑机械台班预算价格，材料名称规格表，植物名称规格表，混凝土、砂浆配合比表，门窗五金用量表以及钢筋用量表等，这些表格和资料都是供基价换算之用的，是基价应用的重要补充资料。

2) 预算基价项目的编排形式

预算基价手册是根据园林结构及施工程序等按照章、节、项目、子目等顺序排列的。分部工程为章，它是将单位工程中某些性质相近、材料大致相同的施工对象归纳在一起的。比如，天津市2004年颁发执行的园林绿化工程预算基价就是按照全国的园林绿化工程基价来编制的，它一共分为十章，即第一章绿化工程；第二章园路、园桥、假山工程；第三章园林景观工程；第四章土石方工程；第五章砌筑工程；第六章混凝土及钢筋混凝土工程；第七章屋面及防水工程；第八章地面工程；第九章墙、柱面装饰工程；第十章油漆、涂料工程。

分部工程以下又按照工程的性质、工程的内容及施工方法、使用的材料，分成若干节。如第二章园路、园桥、假山工程中又分为园路桥工程；堆塑假山工程；驳岸；园路垫层；石磴脸雕刻；打桩、木梁、木栏杆；塑假山钢骨架等七节。

节以下，再按工程性质、规格、材料类别等分成若干项目，在项目中还可以按其规格、材料等再细分许多子项目。

为了查阅和使用基价方便，基价的章、节、子目都是有统一的编号的。通常的使用方法就是采用两位数的表注。比如，2-6(2代表的是第2章；6代表的是第2章中的第6个子目)。

3.1.4 园林预算基价的编制原则与依据

1) 园林预算基价编制原则

(1) 按照社会平均必要劳动量确定基价水平。

(2) 简明适用与严谨准确相统一。

(3) 集中领导，分级管理。

2) 园林预算基价编制的依据

(1) 现行的全国统一的劳动定额，施工机械台班使用定额及施工材料消耗定额。

(2) 现行的设计规范，施工验收标准，质量评定标准和安全操作规程。

(3) 通用设计标准图集，定型设计图纸和有代表性的设计图纸或图集。

(4) 有关科学实验，技术测定和可靠的统计资料。

(5) 已推广的新技术、新材料、新结构、新工艺的资料。

(6) 现行的预算基价基础资料，人工工资标准，材料预算价格和机械台班预算价格。

3.1.5 园林预算基价的应用

1) 预算基价的直接套用

当设计要求与基价项目的内容相一致时，可直接套用基价的预算基价及人工、材料消耗量，计算该分项工程的直接费以及工料需用量。

2) 预算基价的换算

当工程项目的设计要求与基价项目的内容和条件不完全一致时，则不能直接套用基价，应该根据基价的有关规定进行换算，基价总说明和分部工程说明中所规定的换算范围和方法是换算的根据，应严格执行。

练习题

1. 什么是基价？基价的特性和作用是什么？
2. 了解基价的编排形式。
3. 了解基价的应用。

3.2 园林工程预算的编制

3.2.1 园林工程预算的概念和编制依据、作用

1) 园林工程预算的概念

园林工程预算是指施工单位在开工前，根据已经批准的施工图纸和既定的施工方案，按照现行的工程预算定额基价计算分部分项的工程量，并在此基础上逐项套用相应的单位价值，累计其全部直接费。根据各项费用记取标准进行计算，最后计算出单位工程造价和相关的技术经济指标，再根据分项工程的工程量分析出材料、苗木和人工用量。

2) 园林工程预算的编制依据

园林工程预算在编制之前，一般要依据以下技术资料：

(1) 经过会审并经相关部门批准的施工图纸，设计说明书和各类标准图集。

(2) 园林工程定额或园林工程基价。

(3) 施工组织设计。
(4) 园林工程相关的苗木、材料及机械设备的现行价格。
(5) 园林工程费用定额及相关的其他取费文件。
(6) 预算工作手册。包括五金手册、各种单位换算及各种面积、体积计算的相关手册。
(7) 该项工程的招标文件、合同和相关的说明。

3) 园林工程预算的作用
(1) 作为确定园林建设工程造价、建设银行拨付工程款的依据。
(2) 作为建设单位与施工单位签订承包合同、办理工程决算的依据。
(3) 作为施工企业组织生产、编制计划、统计工程完成量的依据，同时也是考核工程成本的依据。
(4) 作为设计单位对设计方案进行经济分析比较的依据。

3.2.2 园林工程预算的编制步骤

1) 收集各种编制依据资料

如预算定额、材料预算价格、苗木价格、机械台班费等。

2) 熟悉设计图纸和施工说明书

设计图纸和施工说明书是编制工程预算的重要基础资料。它是选择套用基价子目、取定尺寸和计算各项工程量的依据，因此在编制预算之前必须对设计图纸和施工说明书进行全面细致的熟悉和审查，从而掌握及了解设计意图和工程全貌，以免在选用基价子目和工程量计算上发生错误。

3) 熟悉施工组织设计和了解现场情况

施工组织设计是由施工单位根据工程特点、施工现场的实际情况等各种有关条件编制的，它是编制预算的依据。

4) 学习并掌握好工程预算基价及其有关规定

为了提高工程预算的编制水平，正确地运用预算及有关规定，必须认真地熟悉现行的预算基价的全部内容，了解和掌握基价子目的工作内容、施工方法、材料规格、质量要求、计量单位、工程量计算规则等，以便能熟练地查找和正确地运用。

5) 确定工程项目计算工程量

工程项目的划分及工程量计算，必须根据设计图纸和施工说明书提供的工程构造、设计尺寸和做法要求，结合施工现场的施工条件，按照预算定额的项目划分、工程量的计算规则和计量单位的规定，对每个分项工程的工程量进行具体计算。它是工程预算编制工作中最繁重、细致的重要环节，工程量计算的正确与否将直接影响预算的编制质量和速度。

(1) 确定工程项目

在熟悉施工图纸及施工组织设计的基础上要严格按照基价的项目确定工程项目，为了防止丢项、漏项的现象发生，在编制项目时应首先将工程分为若干分部工程，如绿化工程，园路、园桥、假山工程，园林景观工程等。

(2) 计算工程量

计算工程量是把设计图纸的内容转化成按定额的分项工程项目划分的工程量。工程量是编制预算所需的基本数据，直接关系到工程造价的准确性。应依据预算基价规定的工程量计算规则，依次计算出各个分项工程量。

在计算工程量时应注意以下几点：

① 在根据施工图和预算基价确定工程项目的基础上，必须严格按照基价规定和工程量计算规则，以施工图所注位置与尺寸为依据进行计算，不能人为地加大或缩小构件尺寸。

② 计算单位必须与基价的计算单位相一致才能准确地套用定额中的基价单价。

③ 取定的尺寸要准确，而且便于核对。

④ 计算底稿要整齐，数字清楚，数值要准确，切忌草率零乱、辨认不清；对数字精确度的要求，工程量算至小数点后两位。钢材、木材及使用贵重材料的项目可算至小数点后三位，余数四舍五入。

⑤ 要按照一定的计算顺序计算，为了便于计算和审核工程量，防止遗漏和重复计算，计算工程量时除了按照基价项目的顺序进行计算外，也可以采用分项计算。比如，可以先计算种植工程，然后在分景区分景点地计算园林小品，最后再计算给水和供电系统。

⑥ 利用基数连续计算。有些"线"和"面"是计算许多分项工程的基数，在整个工程量计算中要反复多次地进行运算，在运算中找出共性因素，再根据预算基价分项工程量的有关规定找出计算过程中各分项工程量的内在联系就可以把繁琐的工程量计算进行简化，从而迅速准确地完成大量的工程量计算工作。

6) 编制工程预算书

（1）正确套用预算基价，并计算出工程的直接费和人工、材料用量。

（2）费用汇总。工程直接费确定后，根据与当地的园林工程预算基价相配套的费用定额，以定额直接费或人工费为基数，计算出其他直接费、间接费、税金、利润等，最后汇总出工程总的造价。

7) 上机进入建设工程计价系统，套用基价，按照规定填写必要的内容和说明

预算编制说明要说明的内容包括：

（1）所采用的定额和相关的费用定额。

（2）对图纸或现场不明处的处理方法和考虑点。

（3）补充的定额以外的和换算的定额项目。

（4）其他必须说明的问题。

8) 复核、装订、签章及审批

复核是指工程预算编制出来后，由本单位的相关人员对所做编制的预算的主要内容及计算情况进行一次检查核对，便于及时地发现差错并纠正，以提高工程预算的准确性。工程审核无误后把预算封面、编制说明、工程预算表按顺序装订成册，请有关人员审阅、签字、加盖公章后，经上级机关批准，送交建设单位。

练习题

1. 了解园林工程预算的概念、作用。
2. 了解园林工程预算的编制过程及注意点。

3.3 园林工程工程量清单的编制

3.3.1 园林绿化工程工程量清单的编制

1) 绿化工程相关知识介绍

园林营造在我国历史悠久，博大精深，它既有人工山水园也有天然山水园，前者是在平地上开凿水体、堆筑假山，配以花木栽植和建筑营构，把天然山水风景缩移模拟在一个小的范围之内；后者则是利用天然山水的局部或片断作为建园基址，再辅以花木栽植和建筑营构而成园林。中国古代园林可分为皇家园林、私家园林和寺观园林。从地域角度又可分为江南园林、岭南园林、北方园林等。

园林绿地是园林必不可缺的一部分，它在园林中占有很重要的地位。

园林绿地可分为：公共绿地、专用绿地、保护绿地、道路绿化和其他绿地。

公共绿地又可分为：一般绿地、公园、综合公园、文化休息公园、森林公园、儿童公园、街头公园、体育公园、名胜古迹公园、居住区公园、滨水绿地、植物园、动物园、野生动物园、植物观赏园、游乐园等。

专用绿地又可分为：一般专用绿地、住宅组团绿地、楼间绿地、公共建筑绿地、工厂绿地和苗圃绿地等。

保护绿地又可分为：一般保护绿地、防风林带、海岸防护林、水土保持绿化带、固沙林带等。

道路绿化又可分为：一般道路绿化、行道树、林荫道、分车带绿化、交通岛绿化和交通枢纽绿化等。

其他绿地又可分为：国家公园、风景名胜区和保护区。

(1) 有关园林绿地的相关知识

绿化率：绿地在一定用地范围中所占面积的比例，它是城市绿地规划的重要指标之一。

绿化覆盖率：各种植物垂直投影占一定范围土地面积的比例，它是衡量绿化量和反映绿化程度的数据。

规则式园林：园林布局采用几何图案形式，多采用有明显的中轴且左右均衡对称的布局形式的园林式样。我国传统的寺庙、陵园及皇家园林中的处理朝政的部分多采用这种形式。

自然式园林：园林布局按照自然景观的组成规律采取不规则形式布局的园林式样，它通过对自然景观的提炼和艺术加工再现了高于自然的景色。

混合式园林：按不同地段和不同功能的需要，在一座园林中规则式和自然式园林交错混合使用。它对地理环境的适应性较好，也能适应不同活动的需要，它既可以显现庄严规整的格局也能体现活泼生动的气氛。

园林建筑：建筑的一种类型，又是园林整体的组成部分。它在形式、体量、尺度、色彩、质地方面必须服从环境的需要，并与其他景物协调统一，与外界空间密切结合，相互渗透，并充分利用视觉上的对比及对体量、距离等方面可能产生的错觉，创造丰富优美的透景线。比如，园林建筑中的厅、廊、榭、亭等。

园林设施：园林绿地中直接服务于游人的各种固定和可移动的设备或成规模的器械，例如，座椅、指路牌、果皮箱、洗手器等。

(2) 有关园林植物配置的相关知识

孤植：园林绿地中配置单株的树木，以其姿态、色彩构成独有的景色。它往往位于构图中心，成为视线焦点。它一般种植于草坪中、林缘外、水塘边或建筑物的一旁。

群植：植物配置中选择几株或十几株同一种树木或种类不同的乔木、灌木，组成相对紧密的构图。这种种植的搭配要符合美学规律，并要掌握各种植物不同的习性，利用它们之间不同的色彩、体形和姿态组成丰富多彩的景观。

绿篱：密集种植的园林植物经过修剪整形而形成的篱垣。常用的植物有：常绿桧柏、大叶黄杨、紫叶小檗、金叶女贞等。

绿廊：用攀缘植物覆盖的走廊式通道。一般通廊取其绿荫或植物的花朵、叶色供游人休息观赏，或作为分割空间增加景物层次。常用骨架材料有：木制、铁制或混凝土。常用植物有：五叶地锦、爬山虎、紫藤、七里香等。

花坛：把花期相同的多种花卉或不同颜色的同种花卉种植在一定轮廓的范围内，并组成图案的配置方法。一般设置在空间开阔，高度在人的视平线以下的地带。所种植的花草要与地被植物和灌木相结合。给人以层次分明、色彩明亮的感觉。

花台：将地面抬高几十厘米，以砖石矮墙围合，其中栽植花木的景观设施。它能改变人的欣赏角度，发挥枝条下垂植物的姿态美，同时可以和坐凳相结合供人们休息。

花钵：把花期相同的多种花卉或不同颜色的同种花卉，种植在一个高于地面、具有一定几何形状的钵体之中。常用构架材料有：花岗石石材、玻璃钢。常见的钵体形状有：圆形高脚杯形、方形高脚杯形等。钵体常与其他花池相连构成一组错落有致的景观。

草坪：栽植或撒播人工选育的草种、草籽，作为矮生密集型的植被，经养护修剪形成整齐均匀的表层植被，具有改善环境、阻滞降水的地表径流、防止水土流失、补充地下水、净化地面水的作用。一般常见草种有：高羊茅、白三叶等。

模纹：用多种常绿植物以自然式风格交错配置，种植在一些大型广场和立交桥下，形成不同的自然式的曲形绿带。

垂直绿化：利用攀缘植物绿化墙壁、栏杆、棚架等。攀缘植物有：缠绕类、卷须类、攀附类和吸附类。利用垂直绿化可降低墙面温度，对室内起降温和保温作用，减少噪声反射。

山石景观：用自然石堆砌的假山和人工塑造的山体形成的山石景观。

(3) 与绿化工程相关的知识

胸径：指距地面 1.2m 处的树干直径。

苗高：指从地面到顶梢的高度。

冠径：指展开枝条幅度的水平直径。

条长：指攀缘植物，从地面起到顶梢的长度。

年生：指从繁殖起到刨苗时止的树龄。

树木养护：指城市园林乔、灌木的整形、修剪，及越冬保护。

色带：指由苗木栽成带状，配置有序并具有一定的观赏价值的植物带。

栽植：指园林栽种植物的一种作业，包括：起苗、搬运、种植。根据季节又可分：春季栽植(3月中旬到4月下旬)、雨季栽植(7月上旬到8月上旬)、秋季栽植(8月下旬到11月中旬)。

植树工程：乔灌木的栽植，土壤改良和排水，灌溉设施的铺设。工作内容包括：放线定位、起苗、运输、修剪、栽植和养护管理。

裸根栽植：落叶树冬春季节一般采用栽植方法。其特点是：重量轻、包装简单、省功力、成本低、可以保留较多的根系。搬运时应注意要包裹严密，不能及时栽植时要假植，干燥多风时要对树根蘸浆保护。

带土栽植：一般用于常绿树或须根极细易损伤的落叶树。此法不损伤根系，并可保持水分，根与土壤不易分离，易成活。但包装、搬运成本较高。

大树移植：移植已定植多年的大树。移植时，应尽量多带根系，土质为黏土时带土移植可用软包装材料，沙质土或移植较大的树木时需用板箱包装。栽植时应严格掌握深度。

树木假植：移植裸根树木时，如不能及时栽植，要用湿润的土壤暂时掩埋根部。

植树季节：一般分为春季植树和冬季植树、秋季栽植、雨季栽植、非休眠期栽植。应选择树根能再生和枝叶蒸腾量最小的时期。

草坪的铺种：种草可采用播种、栽根和铺草块的方法。施工时要考虑当地的气候条件和土壤条件，并考虑不同地段的光照情况。草坪一般分为：观赏型、功能型和覆盖型。

(4) 与绿化养护相关的知识

乔木修剪：包括整理树形，理顺枝条，使树冠枝繁叶茂，疏密适宜，能充分发挥观赏效果的同时又能通风透光，减少病虫害的发生。一般可分为：无主轴形和有主轴形。同时行道树还要解决好与交通电线之间的矛盾。

灌木修剪：为保灌丛状态的一种修剪方法。主要是更新老枝，使上下枝叶都能丰满。对当年生枝上开花的应在花开后剪去过长的枝条，对秋季孕蕾的应在夏季休眠期剪去长枝。

绿篱修剪：按照所需高度截取主干并逐年修剪侧枝，使上下侧枝密茂、株形整齐丰满。一般修剪应在每年的春节萌动前和雨季休眠期。

草坪养护：灌水、施肥、剪草、打洞、除杂草、清枯草、虫害防治和维护等工作。目的是使草坪生长茂盛，并满足观赏和功能方面的各种要求。

园林植物虫害防治：根据虫害的生物学特征和发生发展规律而制定的综合防治的技术措施，适时展开的以化学防治、生物防治为主的防治方法。

(5) 与绿化植物相关的知识

针叶树：叶针形或近似针形树木。一般指叶小型的裸子树种，常见的有雪松、白皮松、水杉、云杉、侧柏、龙柏等。

阔叶树：叶形宽大，不呈针形、鳞形、线形、钻形的树木。大部分是被子植物，既有乔木也有灌木。常见的有：广玉兰、海棠、碧桃、丁香、合欢、石榴等。

常绿树：四季常绿的树木，它们的树叶是在新叶长开之后老叶才逐渐脱落，常见的有：松、柏、杉、苏铁、黄杨等。

落叶树：春季发芽，冬季落叶的树。包括的种类很多，如裸子植物、被子植物、乔灌木等。

乔木：树体高大，而具有明显主干的树种。常见的有：银杏、雪松、云杉等。

灌木：不具主干，由地面分出多数枝条或虽具主干而高度不超过3m的树木。

藤本：茎干不能直立只能靠缠绕或攀附他物才向上生长的植物。

行道树：行道树一般成等距离种植，具有遮阴、防尘、护路、减弱噪声和美化环境等作用。

阳性树：在全日照下生长良好而不能忍受蔽荫的树种。如油松、杨柳属、银杏、刺槐。

阴性树：有较高的耐阴能力，且在较旱的环境中，常不能忍受过强的光照的树种。如云杉、冷杉。

中性树：在充足的光照下生长良好，亦能忍耐不同程度的蔽荫树种。如桧柏、元宝枫、侧柏、槐树等。

庭荫树：栽植在庭院里、广场上用以遮蔽阳光的一种树木。常见的有：玉兰、合欢、银杏、白蜡等。

攀缘植物：攀附或顺延别的物体方可向高处生长的植物。是园林绿化中用作垂直绿化的一类常见植物。按攀缘方式可分为：缠绕式、卷曲式、吸附式、攀附式。常见的植物有：紫藤、牵牛、葡萄、五叶地锦、常春藤等。

观赏植物：指树木的形、叶、花、枝、果的任何部分都具有观赏价值，专以审美为目的而培植的植物。常见的有：龙柏、龙爪槐、牡丹、菊花、龟背竹、秋海棠、变叶木、法国梧桐等。

观花植物：花朵艳丽、花形奇特或具有香气的可供观赏的植物。常见的有：牡丹、石榴、米兰、樱花、桂花、木槿等。

观果植物：以果实为主要观赏对象的植物。常见的有：罗汉松、山楂、佛手、柑橘、石榴、金银木等。

观叶植物：以叶形、叶色为观赏对象的植物。常见的有：金叶女贞、无花果、常春藤、文竹、吊兰、芦荟等。

露地花卉：凡生长于发育等生命活动能在露地条件下完成的花卉。常见的有：百日草、凤仙花、一串红、牵牛花、美人蕉、水仙、杜鹃、月季等。

宿根花卉：多年生草本观赏植物，是当年开花后地上部分的茎叶全部枯死，地下部分的根茎进入冬眠状态，转年春季继续萌芽生长，生命可延续多年的花卉。常见的有：石竹、牡丹、菊花等。

球根花卉：多年生草本观赏植物中，凡根与地下茎发生变态而膨大成球形或块状的花卉。常见的有：郁金香、水仙、美人蕉、晚香玉、唐菖蒲等。

一年生花卉：早春播种，夏秋开花，秋季种子成熟，整个生命周期在当年完成，直至冬季枯死的草本观赏植物。常见的有：百日草、鸡冠花、万寿菊、凤仙花等。

两年生花卉：秋季播种，转年春季开花，夏季结实，而后枯死，整个生命周期需要跨年度完成的草本观赏植物。常见的有：三色堇、雏菊、紫罗兰、石竹等。

水生植物：在旱地里不能生存，只能自然生长在水中，多数为宿根或球茎的多年生植物。常见的有：荷花、睡莲、菱角、旱伞草等。

地被植物：株形低矮，枝叶茂盛，能覆盖地面，可保持水土，改善气候，并有一定的观赏价值的植物。常见的有：铺地柏、小叶黄杨、紫穗槐等。

草坪植物：适合于草坪生长、应用的一类植物。常见的有：结缕草、早熟禾、黑麦草等。

2) 绿化工程工程量清单的计算规则

(1) 编制工程量清单应说明的问题和应包括的工作内容

① 基价所列的计量规则：胸径是指从地表向上 1.2m 高处树干的直径。苗高是指从地面至梢顶的高度。冠径是指枝展幅度的水平直径。年生是指从繁殖起至刨苗时的时间。

② 新工栽植与大树移植规格的划分：落叶乔木胸径在 15cm 以内者为新工栽植，胸径在 15cm 以外者为大树移植；常绿乔木苗高在 450cm 以内者为新工栽植，苗高在 450cm 以外者为大树移植。

③ 平整绿化用地系指垂直方向处理厚度在 30cm 以内的就地挖填找平，当处理厚度超过 30cm 时，应按挖土或填土基价子目计算。

④ 平整绿化用地是对不需要换土所采用的基价子目；如需换土的绿化用地，不得采用此项基价子目。

⑤ 基价中的挖土方分一般土和砂砾坚土两类。

⑥ 大树移植基价分不换土和换种植土两大类，又分裸根、带土球、装木箱三种。其装木箱所用木材、钢丝绳等主要材料按 1/3 摊销。

⑦ 新工绿化养护基价子目所包含的定额时间为年,即连续累计 12 个月为一年;若分月承包则按以下系数执行(表 3-1):

绿化养护分月承包执行系数　　　　表 3-1

时间(月数)	1	2	3	4	5	6	7	8	9	10	11	12
系数	0.20	0.30	0.37	0.44	0.51	0.58	0.65	0.72	0.79	0.85	0.93	1.00

⑧ 伐树、挖树根,砍挖灌木丛,清除草皮项目包括:砍、伐、挖、清除、整理、堆放。

⑨ 平整绿化用地项目包括:标高在±30cm 以内的就地挖填找平。就地的范围指人力能抛掷的距离。

⑩ 栽植裸根落叶乔木、带土球常绿乔木、散生竹、丛生竹、裸根灌木、带土球灌木、独株球形植物项目包括:修坑施肥,修剪整形,栽植(扶正、回土、捣实、筑水围),浇水,覆土保墒,清理竣工现场。

⑪ 栽植单排绿篱、双排绿篱、片植绿篱、色带项目包括:修沟施肥,修剪整形,栽植(排苗、回土、筑水围),浇水,覆土保墒,清理竣工现场。

⑫ 栽植攀缘植物项目包括:修坑施肥,栽植回土,捣实浇水,覆土保墒,清理竣工现场。

⑬ 栽植水生植物项目包括:清淤泥土,搬运栽植,放水养护,清理竣工现场。

⑭ 铺种草皮项目包括:翻土整地,清除杂物,施肥,搬运草皮,铺草皮(草籽播种),浇水,清理竣工现场。

⑮ 栽植露地花卉,花坛花卉,植物造型项目包括:翻土整地,清除杂物,施肥放样,栽植浇水,清理竣工现场。

⑯ 起挖裸根大树项目包括:起挖修剪,打浆,枝干整理,吊装运输,回土填坑等。

⑰ 起挖带土球大树项目包括:起挖修剪,土球包扎,枝干整理,吊装运输,回土填坑等。

⑱ 栽植裸根大树项目包括:挖坑施肥,吊卸落坑,扶正回土,支撑固定,筑围浇水,覆土保墒,清理竣工现场。

⑲ 栽植带土球大树项目包括:挖坑施肥,吊卸落坑,包扎拆除,扶正回土,支撑固定,筑围浇树,覆土保墒,清理竣工现场。

⑳ 移植装木箱大树项目包括:起挖修剪,木箱制安,枝干整理,吊装运输,回土填坑,挖坑施肥,吊卸落坑,木箱拆除,扶正回土,支撑固定,筑围浇树,覆土保墒,清理竣工现场。

㉑ 绿地障碍物拆除项目包括:拆除、整理、堆放。

㉒ 人工挖树坑、绿篱沟、绿带沟、管沟项目包括:挖土抛于坑、沟以外或装车,修整底边。

㉓ 人工挖片植绿篱、色带、露地花卉、草皮地土方项目包括:挖土,装车,修整底边。

㉔ 挖土机挖土,自卸汽车运土项目包括:挖土机挖土,清理机下余土,装车,修整底边,自卸汽车运土,养护汽车行驶路线。

㉕ 铲运机铲运土项目包括:铲、运土,卸土及平整,修理边坡。

㉖ 推土机推土项目包括:推、运、平土,修理边坡。

㉗ 铺设塑料淋水管项目包括:切管,调直,对口,粘结,管道及管件安装。

㉘ 铺设混凝土淋水管项目包括:找泛水,清理,铺管,调制砂浆,接口,养护。

㉙ 铺淋水层项目包括:分层均匀铺平。

㉚ 裸根乔木、裸根灌木假植项目包括：挖沟排苗，回土浇水，覆土保墒，遮荫管理。
㉛ 人工换树坑种植土项目包括：装土，运土，卸土到坑边(包括 100m 运距)。
㉜ 人工换绿篱沟、绿带沟种植土项目包括：装土，运土，卸土到沟边(包括 100m 运距)。
㉝ 人工换片植绿篱、色带、露地花卉、草皮地种植土项目包括：装土，运土，卸土到需土地点，铺平(包括 100m 运距)。
㉞ 花池、花坛人工填种植土项目包括：装土，运土，填土到花池、花坛内，铺平(包括 100m 运距)。
㉟ 树木支撑项目包括：木、铁支撑制作，安装，绑扎牢固。
㊱ 落叶乔木、散生竹新工养护项目包括：中耕除草，整地施肥，修剪剥芽，防病除害，加土扶正，支撑加固，清除枯枝，环境清理，灌溉排水，设施养护。
㊲ 常绿乔木新工养护项目包括：中耕除草，整地施肥，修剪整形，防病除害，加土扶正，支撑加固，清除枯枝，环境清理，灌溉排水，设施养护。
㊳ 丛生竹、灌木、球形植物新工养护项目包括：中耕除草，整地施肥，修剪整形，防病除害，加土扶正，支撑加固，清除枯枝，环境清理，灌溉排水，设施养护。
㊴ 单排绿篱、双排绿篱、片植绿篱、色带新工养护项目包括：中耕除草，整地施肥，修剪整形，防病除害，加土扶正，支撑加固，清除枯枝，环境清理，灌溉排水，设施养护等。
㊵ 攀缘植物新工养护项目包括：中耕除草，整地施肥，修剪牵缘，防病除害，加土扶正，支撑加固，清除枯枝，环境清理，灌溉排水，设施养护等。
㊶ 露地花卉、花坛花卉、植物造型新工养护项目包括：中耕除草，整地施肥，修剪整形，防病除害，加土扶正，支撑加固，清除枯枝，环境清理，灌溉排水，设施养护等。
㊷ 水生植物新工养护项目包括：分枝移植，翻盆(缸)施肥，换水清塘，修剪整形，防病除害，缺苗补植，清除枯枝，环境清理，设施养护等。
㊸ 草皮新工养护项目包括：割草修边，清除草屑，挑除杂草，空秃补植，防病除害，环境清理，灌溉排水，设施养护等。
㊹ 落叶乔木防寒项目包括：搬运，绕干，余料清理。
㊺ 常绿乔木、球形植物、绿篱、色带防寒项目包括：搭拆防寒墙架，拆除后材料场地内堆放和场外运输等。
㊻ 灌木、木本花卉、宿根类花卉防寒项目包括：加土，拍实。
㊼ 砌井项目包括：浇筑混凝土垫层，调制砂浆，砌砖井，断管，浇筑井口，抹内井壁，搓缝，清理现场，100m 以内材料运输。
㊽ 伐树、挖树根项目应注明树干胸径。
㊾ 砍挖灌木丛项目应注明丛高。
㊿ 整理绿化用地项目应注明土壤类别、土质要求、取土运距、回填厚度。
㉛ 栽植乔木项目应注明乔木种类、乔木胸径(苗高)、养护期。
㉜ 栽植竹类项目应注明竹种类、竹胸径(根盘丛径)、养护期。
㉝ 栽植灌木项目应注明灌木种类、冠丛高(冠径或苗高)、养护期。
㉞ 栽植绿篱项目应注明绿篱种类、篱高、行数、养护期。
㉟ 栽植攀缘植物项目应注明植物种类、养护期。

(56) 栽植色带项目应注明苗木种类、苗木株高、养护期。

(57) 栽植水生植物项目应注明植物种类、养护期。

(58) 铺种草皮项目应注明草皮种类、铺种方式、养护期。

(59) 栽植片植绿篱项目应注明苗木种类、苗木株高、养护期。

(60) 栽植花卉项目应注明花卉种类、养护期。

(61) 大树移植项目应注明大树种类、大树胸径(苗高)、起挖方式、运输方式、养护期。

(62) 在计算人工挖土方(除人工绿带沟、管沟以外)及人工换种植土工程量时，设计有要求，应按设计要求进行计算；设计无要求，可按“绿化工程相应工程规格对照参考表”的规格进行计算。

(63) 绿化用地需作排盐处理，需做淋水管、淋水层的，应按“铺设淋水管、铺淋水层”的相应基价子目计算。

(64) 在栽植工程中遇有组合式球形植物时，可按绿篱的相应规格基价子目计算。

(65) 树木需做支撑的，应按“树木支撑”的相应基价子目计算。

(66) 树木需做防寒的，应按“防寒”的相应基价子目计算。

(67) 各种植物材料在运输、栽植过程中，其合理损耗率：落叶乔木、常绿乔木、灌木为1.5%，绿篱、色带、攀缘植物为2%，露地花卉、草皮为4%，草花类为10%。

(2) 工程量计算规则

① 伐树、挖树根，砍挖灌木丛按估算数量计算。

② 清除草皮按估算面积计算。

③ 整理绿化用地按设计图例尺寸以面积计算。

④ 栽植乔木、竹类、灌木、攀缘植物、水生植物按设计图例数量计算。

⑤ 栽植绿篱按设计图例以长度计算。

⑥ 栽植色带、片植绿篱、花卉按设计图例尺寸以面积计算。

⑦ 铺种草皮按设计图例尺寸以面积计算。

⑧ 大树移植按设计图例数量计算。

⑨ 拆除绿地障碍物(除混凝土块料面层、装饰块料面层以外)，均按实际拆除体积以立方米计算。

⑩ 拆除混凝土块料面层、装饰块料面层，均按实际拆除面积以平方米计算。

⑪ 挖土、运土及人工换种植土，均按天然密实体积以立方米计算。

⑫ 铺设淋水管均按设计图例长度以米计算。塑料淋水管不扣除管件所占的长度，混凝土淋水管不扣除检查井和连接井所占长度，其坡度的影响不予考虑。

⑬ 塑料管件安装的工程量，按设计图例数量计算。

⑭ 铺淋水层均按设计图例尺寸以立方米计算。

⑮ 假植裸根乔木、裸根灌木均按实际假植数量以株计算。

⑯ 树木支撑均按绿化工程施工及验收规范规定以株计算。

⑰ 落叶乔木、常绿乔木、灌木防寒按实际做防寒数量以株计算。

⑱ 绿篱、色带防寒按实际做防寒长度以米计算。

⑲ 木本、宿根类花卉防寒按实际做防寒面积以平方米计算。

⑳ 落叶乔木、常绿乔木、散生竹、灌木、球形植物、攀缘植物新工养护均按设计图例数量以株计算。

㉑ 丛生竹、水生植物新工养护均按设计图例数量以丛计算。
㉒ 单排绿篱、双排绿篱养护均按设计图例长度以米计算。
㉓ 片植绿篱、色带、露地花卉、花坛花卉、植物造型、草皮养护均按设计图例以平方米计算。
㉔ 砌井均按设计图例数量以座计算。

3.3.2 园林建筑小品工程工程量清单的编制

在园林工程中除了园林绿化种植部分那就是园林景观工程了。景观工程中就是以各具特色的园林小品点缀在公园和小区中。园林小品主要就是供人们休息、观赏，方便游览活动的。园林小品以其丰富的内容、轻巧美观的造型点缀在绿草鲜花之中，美化了景色，烘托了气氛，加深了意境。同时由于它们又各具一定的使用功能，满足了各种游园游览活动，是园林中不可缺少的重要组成部分。

园林小品的内容丰富，按其功能的不同可以分为：
(1) 供人们休息之用的园林小品：如园林坐凳、园椅。
(2) 服务性的园林小品：如园灯、指示牌、道路牌、小卖部。
(3) 管理类的园林小品：如垃圾箱、鸟舍、栏杆。
(4) 装饰性的园林小品：如景窗、门洞、花池、花钵。
(5) 供人们观赏休息之用的园林小品：如亭、廊、花架、雕塑、水溪。
(6) 供儿童游乐之用的园林小品：攀藤架、滑梯、跷跷板。
(7) 供人们通行之用的园林小品：甬路、曲桥、汀步。

1) 园路、园桥、假山工程

(1) 相关知识介绍

① 与园桥相关的知识介绍

在组织与水有关的景观时大多采用桥的布局。桥是人工美的建筑物，是水中的路，造型设计精美的桥能成为自然水景中的重要点缀和园中主景。园林中的桥和路一样起着联系景点、景区，组织浏览路线的作用，与路不同的是桥为了使其跨度尽可能小，常选择水面和溪谷较狭窄的地方，并设计成曲折的形式。桥的形式除平桥外还有拱形桥、亭桥、廊桥等。

园林中的水面上还常采用汀步作为水中的路，它的作用类似于桥，但比桥更贴近水面，使游人与水的距离感更小，行走其上，能有平水而过之感。它在平面布局上，更显现造型和图案之美，使其成为点缀水面的一种常用的造园手法。

园桥由桥基、桥身、桥面、栏杆组成。其桥身常为拱形；栏杆多为汉白玉、青白石、铁艺花式等。

栏杆主要功能是防护。园林中的栏杆除了起防护的作用外，还用于分隔不同的活动内容的空间，划分活动范围以及组织人流。栏杆同时还是园林的装饰小品，用以点景和美化环境。但在园林中不宜普遍设置栏杆，特别是在浅水池、小平桥、小路两侧，能不设置的地方尽量不设置。在必须设置的地方应把围护、分隔的作用与美化、装饰的功能有机地结合起来。栏杆的高度要因地制宜，要考虑功能的要求，但不能简单地以高度来适应管理上的要求。防护栏的高度一般为 1.1m，栏杆格栅的间距要小于 12cm，其构造应粗壮、结实。台阶、坡地的一般防护栏、扶手栏杆的高度常在 90cm 左右。设在花坛、小水池、草坪边以及道路绿化带边缘的装饰性镶边栏杆的高度为 15~30cm，其造型应纤细、轻巧、简洁、大方。制作栏杆常用的材料有石料、钢筋混凝土、铁、砖、木等。

下面就景桥相关的构造名词介绍一下：

地栿：一般用于台基栏杆下面或须弥座平面上栏杆下面的一种特制条石。在此石面上凿有嵌立栏杆柱方槽和嵌立栏杆的凹槽，并每隔几块凿有排水孔。

须弥座龙头：指带有龙头雕饰物的须弥座。在栏杆柱下面安放挑出的石雕龙头。龙头俗称喷水兽。

寻杖栏板与罗汉栏板：寻杖栏板是指在两个杆柱之间的栏板中，最上面为一根圆形横杆的扶手，其下由雕刻云朵状石块承托，再下为各种花饰的板件。罗汉栏板是指只有栏板而不用望柱的栏板，在栏板端头用抱鼓石封头。

望柱龙凤头、莲花头、狮子头：这些都是栏杆柱的柱头雕饰物。

花岗岩石：花岗岩的俗称。它属于酸性结晶深成岩，是火山岩中分布最广的岩石。其主要成分为长石、石英和少量云母。

汉白玉：一种纯白色大理石。因其石质晶莹纯净、洁白如玉而得名。

青白石：一种石灰岩的俗称。颜色为青白色。

牙子石：指栽于路边的压线石块，相当于现代道路中的侧缘石。主要作用是保证路面的宽度和整齐。

② 与园路相关的知识介绍

园路：指联系景区、景点及活动场所的纽带，具有引导游览、分散人流的功能。一般分为：主干道、次干道和游步道。园路的基本构成包括：垫层、结合层、面层。又由于不同景观的需要，面层又可采用片石、卵石、水泥砖、镶草砖等。

园林中的路是联系各景区、景点的纽带和脉络，在园林中起着组织交通的作用，它与城市的马路是截然不同的概念，园林中的路是随地形环境、自然景色的变化而布置的，引导并组织游人在不断变化的景物中观赏到最佳景观，从而获得轻松、幽静、自然的感受。园林中的路不仅仅有交通联系的功能，它本身也是园林景观的组成部分，它的面材和式样是丰富多彩的，常采用的有：石、砖、水泥预制块、各种瓷砖、青石。庭院的地面常采用方砖铺砌；曲折的小径则常采用砖、卵石、青石等材料配合。

甬路：指通向厅堂、走廊和主要建筑物的道路。在园林景观中的一类多用砖、石砌成，笔直的或蜿蜒、起伏的小路。为增加其视觉效果，可用彩色卵石或青步石作面材。

海墁：指庭院中除了甬路之外，其他地方也都墁砖的做法。

③ 与假山、驳岸相关的知识介绍

假山：从土山开始逐步发展到叠石为山。园林中的假山是模仿真山创造风景。

堆砌土山丘：是以土壤堆成，它是利用原有凸起的地形、土丘，加堆土壤以突出其高耸的山形。

堆砌石假山：用自然山石在石间空隙处填土配植植物，常用的山石有江南的太湖石、广东的英石、华北的太湖石、山东的青石等。

塑假山：是采用水泥材料以人工塑造的方式来制作假山或石景，它是人造山石，一般是用钢筋为骨架做成山石模胚与骨架，然后再用小块的英石贴面成顺皱纹，并使色泽一致，塑成比较逼真的山石。

景石：不具备山形但以奇特的形状为审美特征的石质观赏品。

零星点石：以若干块山石布置石景的一种手法，其布置方式具有山石的分散、随意性。采用零星散布的石景主要是用来点缀地面景观，使地面更具有自然山地的野趣。

驳岸：园林水景岸坡的一种处理手法。一般有假山石驳岸、石砌驳岸、阶梯状台地驳岸和挑檐驳岸。假山石驳岸是园林中最常见的水岸处理方式，是用山石不经人工整形，顺其自然石形砌筑成崎岖、曲折、凹凸变化的形式。石砌驳岸则是先将水岸整成斜坡，再用不规则的岩石砌成虎皮状的护坡。阶梯形台地驳岸适用于水岸与水面高差很大、不稳定的水体，将高岸修成阶梯式台地。挑檐式驳岸是一种水面延伸到岸檐下的做法。

(2) 编制工程量清单应说明的问题和应包括的工作内容

① 园路卵石路面层项目包括：清理基层，放线，调制、运、抹砂浆，铺镶卵石，清理净面，养护。

② 园路混凝土块料面层项目包括：清理基层，放线，调配铺筑，铺砌面层，镶缝，清扫。

③ 园路大理石、花岗石、彩釉砖、广场砖块料面层项目包括：清理基层，放线，调制、运砂浆，刷素水泥浆及成品保护，锯板磨边，铺贴面层，擦缝，清理净面。

④ 嵌草砖铺装项目包括：清理基层，铺设，压实，露空部分填土。

⑤ 园路路床整理项目包括：标高在±30cm以内的就地挖填找平，夯实，整修，弃土1m以外。

⑥ 基础垫层项目包括：筛土，浇水，拌合，铺设，找平，夯实；混凝土浇筑，振捣，养护。

⑦ 园路项目包括：园路路基，路床整理，垫层铺筑，路面铺筑，路面养护。

⑧ 路牙铺设项目包括：基层清理，垫层铺设，路牙铺设。

⑨ 镶草砖铺装项目包括：原土夯实，垫层铺设，铺砖，填土。

园路项目应注明垫层厚度、宽度，材料种类，路面厚度、宽度，材料种类，混凝土强度等级，砂浆强度等级。

⑩ 路牙铺设项目应注明垫层厚度、材料种类、规格、混凝土强度等级、砂浆强度等级。

⑪ 嵌草砖铺装项目应注明垫层厚度，铺设方式，嵌草砖品种、规格、颜色，露空部分填土要求。

⑫ 在铺砌园路块料面层时，如采用块料面层同样材料做路牙的，其路牙的工程量并入块料面层工程量内计算，不另行套用路牙基价子目。

⑬ 木桥面项目包括：选料，锯料，刨光，制作及安装。

⑭ 堆筑土山丘项目包括：取土，运土，堆砌，夯实，整修。

⑮ 砖骨架塑假山项目包括：放样划线，挖土方，浇捣混凝土垫层，砌砖骨架，堆砌成型，制纹理。

⑯ 钢骨架钢网塑假山项目包括：放样划线，挂钢网，堆砌成型，制纹理。

⑰ 堆砌石假山项目包括：放样，选、运石，调制、运砂浆，堆砌，搭拆简单脚手架，塞垫嵌缝，清理养护。

⑱ 原木桩驳岸，打木桩项目包括：木桩制作，安卸桩箍，移动桩架，吊桩，定位，校正，打桩，锯桩头。

⑲ 散铺砂卵石护岸项目包括：修正边坡，铺砂，铺卵石，点布大卵石。

⑳ 山石护角，石砌驳岸项目包括：选、运石，调制、运砂浆，砌石，清理。

㉑ 打钢筋混凝土桩项目包括：准备打桩工具，移动打桩机及打桩机轨道，吊桩定位，安卸桩帽，校正打桩，凿桩头。

㉒ 木梁、木栏杆制作安装项目包括：放样，选料，刨光，画线，制作及剔凿成型；安装项目包括：安装，吊线，校正，固定。木栏杆项目还包括雕饰、望柱脚铁件安装及刷防腐油。

㉓ 塑假山钢骨架制作安装项目包括：放样，画线，拼装，校正，刷防锈漆等。

(3) 工程量计算规则

① 园路按设计图例尺寸以面积计算，不包括路牙。

② 路牙铺设，树池围牙，按设计图例尺寸以长度计算。

③ 嵌草砖铺装按设计图例尺寸以面积计算。

④ 园路路床整理按设计图例尺寸，两边各放宽5cm乘以厚度，以立方米计算。

⑤ 园路垫层(除混凝土垫层外)均按设计图例尺寸，两边各放宽5cm乘厚度以立方米计算。

⑥ 石桥基础，石桥墩，石桥台，拱碹石制作、安装，金刚墙砌筑，按设计图例尺寸以体积计算。

⑦ 石碹脸制作、安装，石桥面铺筑，按设计图例尺寸以面积计算。

⑧ 仰天石、地袱石按设计图例尺寸以长度计算。

⑨ 石望柱、栏板、抱鼓按设计图例数量计算。

⑩ 木制步桥按设计图例尺寸以桥面板长乘桥面宽以面积计算。

⑪ 汀步铺装按设计图例尺寸以体积计算。

⑫ 堆筑土山丘按设计图例山丘水平投影外接矩形面积乘以高度的1/3以体积计算。

⑬ 堆砌石假山按假山设计图例尺寸以估算质量计算。

⑭ 塑假山按假山设计图例尺寸以估算面积计算。

⑮ 石笋、点风景石、池石、盆景山按设计图例数量计算。

⑯ 山石护角按设计图例尺寸以体积计算。

⑰ 山坡石台阶按设计图例尺寸以水平投影面积计算。

⑱ 石砌驳岸按设计图例尺寸以体积计算。

⑲ 原木桩驳岸按设计图例尺寸以桩长(包括桩尖)计算。

⑳ 散铺砂卵石护岸(自然护岸)按设计图例尺寸平均护岸宽度乘以护岸长度以面积计算。

㉑ 石碹脸雕刻按石碹脸面的中心线长度乘以宽度以平方米计算。

㉒ 打木桩按木桩全长(包括桩尖)乘以截面面积以立方米计算。

㉓ 木梁按设计图例尺寸以立方米计算。

㉔ 木栏杆以地面上皮至扶手上皮间高度乘以长度(不扣望柱)以平方米计算。

㉕ 塑假山钢骨架制作、安装按设计图例尺寸以吨计算。

2) 园林景观工程

(1) 相关知识介绍

亭：我国园林中最常见的一种园林建筑。它常与其他建筑、山水、植物相结合，装点着园景。亭的占地面积较小，也很容易与园林中各种复杂的地形地貌相结合成为园中一景，在自然风景区和游览胜地，亭以它自由、灵活、多变的特点把大自然点缀得更加引人入胜。

亭的体形较小，造型却是多种多样的，从平面形状看有圆形、方形、多边形、扇形等。从体量看有单体的也有组合式的。从亭顶的形式看有攒尖顶和歇山顶。从亭子的立面造型看有单檐的、重檐的。从亭子位置看有山亭、桥亭、半亭、廊亭等。从建亭的材料看有木构架的瓦亭、石材亭、竹亭、仿木亭、钢筋混凝土亭、不锈钢亭、膜构亭、蘑菇亭、伞亭等。

廊：园林中应用广泛。它除了能遮阳、避雨、供游人休息以外，更重要的功能是组织观赏景物的导游路线，同时它也是划分园林空间的重要手段。廊本身具有一定的观赏价值，在园林景观中可以独立成景。廊的形式按平面形式分：直廊、曲廊、回廊；按结构形式分：两带柱的空廊、一面为柱一面为墙的半廊、两面为柱中间有墙的复廊；按其位置分：走廊、爬山廊、水廊、桥廊等。廊一般为长条形建筑物，从平面和空间上看都是相同的建筑单元"间"的连续和发展。廊柱之间常设有坐凳、栏杆。廊顶的形式多做成卷棚、坡顶。廊亭顶上多采用瓦结构，其内常以彩绘作装饰。廊还可以与其他建筑相结合产生其他新的功能。

园椅、园凳、园桌：各种园林绿地及城市广场中心必备的设施。它们常被设置在人们需要就座歇息、环境优美、有景可赏之处。园凳、园桌既可单独设置，也可成组布置；既可自由分散布置，也可有规则地连续布置。园椅、园凳也可与花坛等其他小品组合形成一个整体。园椅、园凳的造型要轻巧美观，形式活泼多样，构造要简单，制作方便，结合园林环境做出具有特色的设计。园椅、园凳的高一般取为35~40cm。常用的做法有钢管为支架，木板为面的；铸铁为支架，木条为面的；钢筋混凝土现浇的；水磨石预制的；竹材或木材制作的；也有就地取材利用自然山石稍经加工而成的；当然还可采用其他材料如：大理石、塑料、玻璃纤维等，其总体原则不再分材质贵贱，主要是要符合环境整体的要求，达到谐和美。

栏杆：主要功能是防护。园林中的栏杆除了起防护的作用外，还用于分隔不同的活动内容的空间，划分活动范围以及组织人流。栏杆同时还是园林的装饰小品，用以点景和美化环境。但在园林中不宜普遍设置栏杆，特别是在浅水池、小平桥、小路两侧，能不设置的地方尽量不设置。在必须设置的地方应把围护、分隔的作用与美化、装饰的功能有机地结合起来。栏杆的高度要因地制宜，要考虑功能的要求，但不能简单地以高度来适应管理上的要求。防护栏的高度一般为1.1m，栏杆格栅的间距要小于12cm，其构造应粗壮、结实。台阶、坡地的一般防护栏、扶手栏杆的高度常在90cm左右。设在花坛、小水池、草坪边以及道路绿化带边缘的装饰性镶边栏杆的高度为15~30cm，其造型应纤细、轻巧、简洁、大方。制作栏杆常用的材料有石料、钢筋混凝土、铁、砖、木等。

花格：在园林建筑中，各种花格广泛使用于墙垣、漏窗、门罩、门扇、栏杆等处。花格既可用于室外，也可用于室内。可用于装饰墙面，又可用于分隔空间。在形式上花格可做成整幅的自由式，又可采用变化、有规律的几何图案。其内容可以包含传说、叙事，也可仅包含花卉、鸟兽甚至抽象图形。花格构件可根据不同材料特性，或形成纤巧的形态或粗犷的风格。按制作材料可分为砖瓦花格、水泥制品花格、琉璃花格、玻璃花格、金属花格等。

景墙、景窗：园林中的墙有分隔空间、组织导游、衬托景物、装饰美化或遮蔽视线的作用，是园林空间构图的一个重要的因素。景墙的形式有：云墙、钢筋混凝土花格墙、竹篱笆墙、梯形墙、漏明墙等。墙上的漏窗又叫透花窗，可以用它分隔景区，使空间似隔非隔，景物若隐若现，富有层次，达到虚中有实、实中有虚、隔而不断的艺术效果。漏窗的窗框常见的形式有方形的、长方形的、圆形的、菱形的、多边形的、扇形的等。园林中的墙上还常有不装窗扇的窗孔，称为空窗，它具有采光和取框景的作用。常见的形式有：方形、长方形、多边形、花瓶形、扇形、圆形等。园林景观中的墙还可与其他景观，比如花池、花架、山石、雕塑等，组合成独立的风景。

花架：指供游人休息、赏景之用的棚架；它的形式多种多样：造型灵活轻巧，有直线形、曲线形、单臂形、双臂式等；它还具有组织空间、划分景区、增加景深的作用。常用的材料有：混凝土的、木制的、钢材质地的等。其组成为：梁、檩、柱、坐凳等。

花架可以说是用植物材料做成顶的廊，它和廊一样可为游人提供遮阳、驻足之处，供观赏并点缀园内风景，还有组织空间、划分景区、增加风景的景深层次的作用。花架能把植物生长与人们的游览、休息紧密地结合在一起，故具有接近自然的特点。花架的造型简洁、轻巧，特别适用于植物的自由攀缘。按其构造材料分：竹花架、木花架、钢花架、石材花架、钢筋混凝土花架等。

水池：园林景观中的水池是喷泉池、叠水池、盆景池和人工池塘的总称。池子的面积大小不一，形状也是千姿百态。平面形状有圆形、方形、椭圆形、菱形，也有不规则的曲线形。池底的一般做法是采用钢筋混凝土或是素混凝土或是保留原土，池壁多采用钢筋混凝土，也有毛石砌筑，或烧结砖外抹防水层等。由于池壁长期浸于水中所以都要作防水处理。一般做法是采用防水混凝土，油毡防水层或是抹防水砂浆的。北方地区由于气候比较寒冷还需要考虑作防冻处理。一般做法是在池外壁填充一定的轻质骨料，如砂石、矿渣、蛭石等。

(2) 编制工程量清单应说明的问题和应包括的工作内容

① 现浇钢筋混凝土基础包括：混凝土的浇筑、振捣、养护。
② 预制混凝土项目包括：混凝土浇筑、振捣、养护及构件的成品堆放。
③ 预制混凝土构件安装项目包括：构件翻身、就位、加固、校正、垫实节点、焊接或加固螺栓、灌缝找平。
④ 木构件制作项目包括：放样，选料，截料，刨光，画线，制作及剔凿成型。
⑤ 木构件安装项目包括：安装，吊线，校正，临时支撑。
⑥ 木花架柱、梁包括：构件制作、安装，刷防护材料，油漆。
⑦ 木花架柱、梁项目应注明木材种类、梁的截面、连接方式、防护材料种类。
⑧ 木构件基价中一般是以刨光的为准，刨光损耗已经包括在基价子目中。基价子目中的木材数量均为毛料。
⑨ 木构件基价中的原木、锯材是以自然干燥为准，如设计要求需烘干时，其费用另行计算。
⑩ 木构架中的木梁、木柱按设计图例尺寸以立方米计算。
⑪ 金属构件制作项目包括：放样，钢材校正，画线下料，平直，钻孔，刨边，倒棱，撼弯，装配，焊接成品，校正，运输，堆放。
⑫ 金属构件安装项目包括：构件加固、吊装校正、拧紧螺栓、电焊固定、构件翻身、就位、场内运输。
⑬ 金属构件项目包括：除锈、清扫、打磨、刷油。
⑭ 金属花架柱、梁项目应注明木材种类、柱钢材品种、规格，柱、梁截面，油漆品种，刷漆遍数。
⑮ 金属构件制作是按焊接为主考虑的，对构件局部采用螺栓连接时，宜考虑在基价内部再换算，但如遇有铆接为主的构件时，应另行补充基价子目。
⑯ 金属构件基价中的油漆，一般均综合考虑了防锈漆一道、调合漆两道，如设计要求不同时，可按刷油漆项目的有关规定计算、刷油漆。
⑰ 现浇混凝土水池、喷泉池、花池、花坛壁项目包括：混凝土制作，运输，浇筑，振捣，养护。
⑱ 现浇混凝土水池、喷泉池、花池壁、花坛壁项目应注明池壁类型、池壁厚度、混凝土强度等

级、混凝土拌合料要求。

⑲ 石凳项目包括：选料，放样，翻动，加工成型，调运，铺砂浆，就位安装，校正，固定。

⑳ 石浮雕项目包括：翻样、放样、雕琢、洗炼、修补、造型、安装、保护。

㉑ 砖砌小摆设项目包括：调制砂浆，运砂浆，运砖，砌砖。

㉒ 室外排水项目包括：挖沟，找泛水，清理，铺管，调制砂浆，接口，养护，试水，回填土。

(3) 工程量计算规则

① 混凝土水池、喷泉池、花池、花坛壁按设计图例尺寸以体积计算。

② 根据目前我国一些城市的现行的施工及价格实行的办法，张拉膜的施工是整体施工，包括了膜亭的全部项目，包括了基础及膜亭的主体，预算计价也是整体的价格，计量方法是按膜亭的展开面积计算的。

③ 金属花架柱、梁按设计图例以重量计算。

④ 现浇混凝土斜屋面板、攒尖亭屋面板、预制混凝土攒尖亭屋面板按设计图例尺寸以体积计算。混凝土屋脊并入屋面体积内。

⑤ 木屋面板按设计图例尺寸以面积计算。

⑥ 现浇混凝土花架柱、梁及预制混凝土花架柱、梁按设计图例尺寸以体积计算。

⑦ 现浇混凝土桌凳及预制混凝土桌凳、石桌凳、塑树根桌凳，按设计图例数量计算。

⑧ 板式木坐面按设计图例尺寸以面积计算。

⑨ 条式木坐面按设计图例尺寸以体积计算。

⑩ 塑树皮梁、柱按设计图例尺寸以梁、柱的外表面积计算或以构件的长度计算。

⑪ 石浮雕按设计图例尺寸以雕刻部分外接矩形面积计算。

⑫ 砖砌小摆设按设计图例尺寸以体积计算或以数量计算。

⑬ 金属栏杆、动物金属笼舍按设计图例尺寸以重量计算。不扣除孔眼、切边、切肢的重量，焊条、铆钉、螺栓等不另行增加重量，不规则或多边形钢板以其外接矩形面积乘以厚度以单位理论重量计算。

⑭ 金属旗杆按设计图例尺寸以数量计算。

⑮ 室外排水管道按设计图例中心线以延长米计算，不扣除井所占的长度。

3) 土石方工程

(1) 相关知识介绍

土的分类：根据土的物理和化学性质的不同而进行归纳。在建筑工程中一般采用的方法是按土的坚硬程度和开挖难易来区分。

回填土：在建筑工程中是把挖出的部分土回填回去的方法。回填土分为机械回填和人工回填，人工回填又可分为松填和夯填。

(2) 编制工程量清单应说明的问题和应包括的工作内容

① 人工挖地槽、地坑、土方项目包括：挖土抛于槽边 1m 以外或装、运土，修整底边。

② 挖淤泥、流沙项目包括：挖、装淤泥、流沙，整修底边。

③ 人工凿岩石项目包括：凿石，清理，修边，检底，抛石渣于 2m 之外。

④ 回填土项目包括：5m 以内取土及分层夯实。

⑤ 场地填土分为松填和夯填，松填土包括填土、找平，夯填土除填土外还包括分层夯实。

⑥ 素土夯实分别用于基础以下和用于房心垫层以下两项，包括 150m 运土，找平并分层夯实。

⑦ 人工运土、泥、石项目包括：装、运、卸及堆放。

⑧ 槽底钎探项目包括：探槽，打钎，拔钎。

⑨ 原土打夯项目包括：碎土，找平及夯实 2 遍。

⑩ 挖土工程：槽底宽度在 3m 以内，且长度是宽度 3 倍以外者为地槽；槽底面积在 20m² 以内者为地坑；槽底宽度在 3m 以外，且槽底面积在 20m² 以外者为挖土方。

⑪ 挖基础土方项目包括：排地表水，土方开挖，挡土板支拆，基底钎探，土的运输。

⑫ 平整场地项目包括：标高在 ±30cm 以内的就地挖填找平。就地的范围指人力能抛掷的距离。

(3) 工程量计算规则

① 挖基础土方按设计图例尺寸及基础垫层底面积乘以挖土深度的天然密实体积计算。

② 人工挖地槽的体积应是外墙地槽和内墙地槽总体积。槽长的计算：外墙地槽按外墙地槽的中心线计算，内墙地槽长度按内墙槽底净长度计算；槽宽按设计图例尺寸加工作面的宽度计算；槽深按自然地坪至槽底计算。当需要放坡时，应将放坡的土方量合并于总土方量中。

③ 平整场地按设计图例尺寸以建筑物首层面积计算。

④ 人工凿岩石按设计图例尺寸以体积计算。

⑤ 土方回填按设计图例尺寸以体积计算。

A. 场地回填：回填面积乘以回填厚度；

B. 室内回填：主墙间净面积乘以回填厚度；

C. 基础回填：挖土方体积减去设计室外地坪以下埋设的基础体积；

D. 挖地槽原土回填的工程量，可按地槽挖土工程量乘以系数 0.6 计算。

4) 砌筑工程

(1) 相关知识介绍

大放脚：在基础与垫层之间做成阶梯状的砌体称为大放脚。设置大放脚的目的是增加基础底面的宽度，以适应地基的承载能力。

白灰砂浆：以白灰膏为胶凝材料，并和水、细砂按一定比例拌合而成的。

水泥砂浆：以水泥为胶凝材料，并和砂子、水按一定比例拌合而成的。

(2) 编制工程量清单应说明的问题和应包括的工作内容

① 砖砌体项目包括：调制、运砂浆，运、砌砖。

② 实心砖墙项目包括：砂浆制作、运输、勾缝，砌砖，砖压顶砌筑，材料运输。

③ 砖基础项目包括：砂浆制作、运输，铺设垫层，砌砖，防潮层铺设，材料运输。

④ 砖基础项目应注明砖的品种、规格、强度等级、基础类型、基础深度，砂浆强度等级。还应包括垫层的材料种类和厚度。

⑤ 墙项目应注明墙体类型，墙体高度，墙体厚度，砂浆强度等级，勾缝要求，配合比等。

⑥ 实心砖墙项目适用于各类实心砖墙。可分为外墙、内墙、围墙、双面混水墙、双面清水墙、单面清水墙、直形墙、弧形墙，以及不同的墙厚。砌筑砂浆分水泥砂浆、混合砂浆，以及不同的强度等级，不同的砖强度等。

⑦ 砖基础项目适用于墙基础、柱基础等，对基础类型应在工程量清单中进行描述。

⑧ 砌砖墙基价子目中综合考虑了除单砖墙以外不同的厚度、内墙与外墙、清水墙与混水墙的因素。

(3) 工程量计算规则

① 砖基础按设计图例尺寸以体积计算。包括附墙垛基础宽出部分体积，扣除地梁(圈梁)、构造柱所占体积。不扣除基础大放脚丁形接头处的重叠部分及嵌入基础内的钢筋、铁件、管道，基础砂浆防潮层和单个面积在 0.3m² 以内的空洞所占体积，靠墙散热器沟的挑檐不增加。

② 基础长度：外墙按中心线，内墙按净长计算。

③ 实心砖墙按设计尺寸以体积计算。扣除门窗洞口、过人洞、空圈、嵌入墙内的钢筋混凝土柱、梁、圈梁、挑梁、过梁以及凹进墙内的管道、散热器槽、消火栓所占体积。不扣除梁头、板头、檩头、垫木、木砖、砖墙内加固钢筋、木筋、铁件、钢管及单个面积在 0.3m² 以内的空洞所占体积。凸出墙面的腰线、挑檐、压顶、窗台线、门窗套的体积也不增加。凸出墙面的砖垛并入墙体体积内计算。

④ 砖墙长度：外墙按中心线，内墙按净长线。

⑤ 砖墙高度：外墙坡屋面无檐口顶棚者算至屋面板底；有屋架且室内外均有顶棚者算至屋架下弦底另加 200mm；无顶棚者算至屋架下弦底另加 300mm；出檐宽度超过 600mm 时按实砌高度计算；平屋面算至钢筋混凝土板底。内墙位于屋架下弦者算至屋架下弦；无屋架者算至顶棚底另加 100mm；有钢筋混凝土楼板隔层者算至楼板顶；有框架梁时算至梁底。女儿墙从屋面板上表面算至女儿墙顶面。内外山墙按其平均高度计算。

⑥ 实心砖柱，零星砌体按设计图例尺寸以体积计算。扣除混凝土及钢筋混凝土梁垫、梁头、板头所占体积。

⑦ 基础砂浆防潮层按设计图例尺寸以面积计算。

⑧ 砖柱不分柱身和柱基，其工程量合并计算。套用砖柱基价子目执行。

⑨ 砖地沟按设计图例尺寸以实体积计算。

⑩ 标准砖墙厚度的计算(表 3-2)：

标准砖墙厚度计算　　　　　　　　　　　表 3-2

墙厚(砖)	1/4	1/2	3/4	1	3/2	2
墙的计算厚度(mm)	53	115	180	240	365	490

⑪ 毛石基础项目包括：选、修、运毛石，调制、运砂浆，砌毛石。

⑫ 毛石墙、毛石景墙项目包括：选、修、运毛石，调制、运砂浆，砌毛石；墙角、窗台、门窗洞口的石料加工。

⑬ 石柱、石梁、石压顶项目包括：选料，放样，翻动，开料，加工成型，调制、运砂浆，就位安装，校正，固定。

⑭ 石基础按设计图例尺寸以体积计算。基础的长度：外墙按中心线，内墙按净长计算。

⑮ 石墙、毛石景墙按设计图例尺寸以体积计算。扣除门窗洞口、过人洞、空圈、嵌入墙内的钢筋混凝土柱、梁、圈梁、挑梁、过梁以及凹进墙内的管道、散热器槽、消火栓所占体积。不扣除梁头、板头、檩头、垫木、木砖、砖墙内加固钢筋、木筋、铁件、钢管及单个面积在 0.3m² 以内的空洞所占体积。凸出墙面的腰线、挑檐、压顶、窗台线、门窗套的体积也不增加。凸出墙面的砖垛并

入墙体体积内计算。

⑯ 石挡土墙、石柱、石梁、石压顶按设计图例尺寸以体积计算。

5) 混凝土及钢筋混凝土工程

(1) 相关知识介绍

混凝土：以水、砂子、石子、水泥等按一定比例混合在一起的一种人造石材。

条形基础：又称带形基础。由柱下独立基础沿纵向串联而成。可将上部框架结构连成主体。从而减少上部结构的沉降差，它与独立基础相比，具有较大的基础底面积，能承受较大的荷载。

独立基础：凡现浇钢筋混凝土独立柱下的基础都称为独立基础。其断面形式有阶梯形、平板形、角锥形等。

杯形基础：独立基础中心预留有安装钢筋混凝土预制柱的空洞时，则称为杯形基础。它是独立基础的一种形式。

垫层：它是承重和传递荷载的构造层，根据需要选用不同的垫层材料。垫层分为刚性和柔性两种。刚性一般用 C10 的混凝土材料捣成，它适用于薄而大的整体面层和块料面层；柔性垫层一般用于各种松散材料，如砂子、炉渣、碎石、灰土等加以压实而成，一般适用于较厚的块状面层。

现浇混凝土：指现场直接支模、绑扎钢筋、浇筑混凝土并经养护后制成的各种构件。

预制混凝土：指在施工现场安装之前，根据施工图纸及土建工程的相关尺寸，进行预先浇筑、加工组合部件制成；或在预制加工厂定购的各种构件。利用预制混凝土可以提高机械化程度，加快施工现场安装速度，缩短工期等。

梁：它是房屋建筑及园林小品的承重构件之一。它承受作用在其上的各种构件的荷载，且能与柱等构件共同承受建筑物和其他物体的荷载，在结构工程中应用十分广泛。钢筋混凝土梁按照断面形状可以分为矩形和异形，异形梁又可分为 L 形、T 形等。按其结构位置又可分为基础梁、圈梁、过梁、连续梁等。

柱：建筑物的主要承重构件之一。它是将建筑物的荷载竖向传递到梁或基础上。柱的外形可以是矩形、圆形、多边形。为增加墙体的刚度在墙体中可以浇筑混凝土构造柱。

屋面板：指能承受屋面荷载，同时起到维护作用的板。

檐口：建筑物屋顶在檐墙的顶部位置称为檐口。

(2) 编制工程量清单应说明的问题和应包括的工作内容

① 现浇混凝土基础、梁柱、墙、板、其他构件项目包括：混凝土浇筑、振捣、养护。

② 预制混凝土构件、其他构件项目包括：混凝土浇筑、捣振、养护、构件的成品堆放。

③ 钢筋项目包括：制作，绑扎，安装。

④ 螺栓、铁件项目包括：制作，安装。

⑤ 预制混凝土构件安装项目包括：构件翻身、就位、加固、吊装、校正、垫实节点、焊接或紧固螺栓、灌缝找平。

⑥ 基础垫层项目包括：拌合，找平，分层夯实，砂浆调制，混凝土浇筑、振捣、养护，混凝土垫层还包括原土夯实。

⑦ 现浇混凝土基础项目包括：铺设垫层，混凝土制作、运输、浇筑、振捣、养护。

⑧ 现浇混凝土柱、梁、墙、板、其他构件项目包括：混凝土制作、运输、浇筑、振捣、养护。

⑨ 现浇混凝土散水、坡道项目包括：地基夯实，铺设垫层，混凝土制作、运输、浇筑、振捣、

养护，变形缝填塞。

⑩现浇混凝土基础项目应注明混凝土强度等级、混凝土拌合料要求，还应注明垫层材料种类、厚度。

⑪现浇混凝土柱项目应注明柱高度、柱截面尺寸、混凝土强度等级、混凝土拌合料要求。

⑫现浇混凝土梁项目应注明梁底标高、梁截面、混凝土强度等级、混凝土拌合料要求。

⑬现浇混凝土墙项目应注明墙类型、墙厚度、混凝土强度等级、混凝土拌合料要求。

⑭现浇混凝土板项目应注明板底标高、板厚度、混凝土强度等级、混凝土拌合料要求。

⑮现浇混凝土其他构件项目应注明构件的类型、构件规格、混凝土强度等级、混凝土拌合料要求。

⑯现浇混凝土散水、坡道项目应注明面层厚度、混凝土强度等级、混凝土拌合料要求、填塞材料种类，还应注明垫层材料种类。

⑰预制混凝土梁项目应注明单位体积、安装高度、混凝土强度等级、砂浆强度等级。

⑱预制混凝土其他构件项目应注明构件的类型、单位体积、安装高度、混凝土强度等级、砂浆强度等级。

⑲螺栓、铁件项目应注明钢材种类、规格，螺栓长度，铁件尺寸。

(3) 工程量计算规则

①现浇混凝土带形基础、独立基础、杯形基础、满堂基础按设计图例尺寸以体积计算。不扣除构件内钢筋、预埋铁件所占体积。

②现浇混凝土构造柱按设计图例尺寸以体积计算。不扣除构件内钢筋、预埋铁件所占体积。其柱高按全高计算，嵌接墙体部分并入柱身体积。

③现浇混凝土基础梁、圈梁、过梁按设计图例尺寸以体积计算。不扣除构件内钢筋、预埋铁件所占体积，伸入墙内的梁头、梁垫并入梁的体积内。其梁长：A. 梁与柱连接时，梁长算至柱侧面；B. 主梁与次梁连接时，次梁长算至主梁侧面。

④现浇混凝土直形墙、弧形墙、挡土墙按设计图例尺寸以体积计算。不扣除构件内钢筋预埋铁件所占体积，扣除门窗洞口及单个面积 0.3m² 以外的空洞所占的体积，墙垛及突出墙面部分并入墙体内计算。

⑤现浇混凝土天沟、挑檐按设计图例尺寸以体积计算。

⑥现浇混凝土其他构件按设计图例尺寸以体积计算。不扣除构件内钢筋、预埋铁件所占体积。

⑦现浇混凝土散水，按设计图例尺寸以面积计算。不扣除单个面积 0.3m² 以内的空洞所占的面积。

⑧预制混凝土过梁、其他构件按设计图例尺寸以体积计算。不扣除构件内钢筋、预埋铁件所占体积。

⑨现浇混凝土钢筋、预制混凝土钢筋及钢筋网片按设计图例钢筋(网)长度(面积)乘以单位理论质量计算。

⑩螺栓、铁件按设计图例尺寸以质量计算。

⑪预制混凝土构件安装、运输按设计图例尺寸以立方米计算。

⑫预制混凝土花窗安装执行小型构件安装基价子目，其体积按设计外形面积乘以厚度，以立方米计算，不扣除空花体积。

⑬预制混凝土漏空花格砌筑按其外围面积以平方米计算。

⑭ 沥青砂浆嵌缝按设计图例长度，以米计算。

⑮ 基础垫层按设计图例尺寸以体积计算。其长度：外墙按中心线，内墙按垫层净长度计算。

⑯ 现浇混凝土坡道按设计图例尺寸以立方米计算。

6) 屋面及防水工程

(1) 相关知识介绍

找平层：指垫层上、楼板上或是轻质材料、松散材料层上起整平、找坡或是加强作用的构造层，一般常见的是水泥砂浆找平层和细石混凝土找平层。

卷材：指用天然的或人工合成的有机高分子化合物为基础原料，经过一定的工艺处理而制成的，且在常温常压下能够保持形状不变的柔性防水材料。一般常用的是用原纸为胎芯浸渍而成的卷材，习惯上称为油毡。

(2) 编制工程量清单应说明的问题和应包括的工作内容

① 屋面纸胎油毡防水、屋面玻璃布油毡防水项目包括：清扫底层，刷冷底子油一道，熬制沥青，铺卷材，撒豆粒石，屋面浇水试验。

② 屋面改性沥青卷材防水项目包括：清扫底层，刷冷底子油一道，喷灯热熔，粘贴卷材。

③ 屋面聚氨酯涂膜防水项目包括：清扫底层，涂聚氨酯底胶，刷聚氨酯防水层两遍，撒石粉保护层。

④ 屋面刚性防水项目包括：清理基层，调制砂浆，抹灰，养护。

⑤ 屋面、地面找平层项目包括：清理基层，调制砂浆，抹水泥砂浆，混凝土浇筑、振捣、养护。

⑥ 瓦屋面项目包括：檩条、椽子安装，基层铺设，铺设防水，安顺水条和挂瓦条，安瓦，刷防护材料。

⑦ 屋面卷材防水项目包括：基层处理，抹找平层，刷底油，铺油毡卷材，接缝，嵌缝，铺保护层。

⑧ 屋面涂膜防水项目包括：基层处理，抹找平层，涂防水层，铺保护层。

⑨ 屋面刚性防水项目包括：基层处理，混凝土制作、运输、铺筑、养护。

⑩ 水泥瓦、黏土瓦的规格与基价不同时，除瓦的数量可以换算外，其他工、料均不得调整。

⑪ 卷材屋面不分屋面形式，如平屋面、锯齿形屋面、弧形屋面等，均执行同一子目。刷冷底子油一遍已综合在基价内，不另计算。

⑫ 卷材屋面子目中已考虑了浇水试验的人工和用水量。对弯起的圆角增加的混凝土及砂浆，用量中已考虑，不另计算。

(3) 工程量计算规则

① 瓦屋面按设计图例尺寸以斜面积计算。不扣除房上烟囱、风帽底座、风道、小气窗、斜沟等所占面积，小气窗的出檐部分不增加面积。

② 屋面卷材防水，屋面涂膜防水按设计图例尺寸以面积计算。

A. 斜屋顶(不包括平屋顶找坡)按斜面积计算，平屋顶按水平投影面积计算；

B. 不扣除房上烟囱、风帽底座、风道、屋面小气窗和斜沟所占面积；

C. 屋面的女儿墙、伸缩缝和天窗等处的弯起部分，并入屋面工程量内。

③ 屋面刚性防水按设计图例尺寸以面积计算。不扣除房上烟囱、风帽底座、风道等所占面积。

④ 屋面抹水泥砂浆找平层的工程量与卷材屋面相同。
⑤ 找平层的工程量均按平方米计算。
⑥ 瓦屋面的出线、披水、梢头抹灰、脊瓦加腮等工、料均已综合在基价内，不另计算。
⑦ 屋面卷材防水、屋面涂膜防水的女儿墙、伸缩缝和天窗等处的弯起部分，如设计图纸未注明尺寸，其女儿墙、伸缩缝可按25cm，天窗处可按50cm。局部增加层数时，另计增加部分，套用每增减一毡一油基价。
⑧ 屋面卷材防水的附加层、接缝、收头，找平层的嵌缝、冷底子油已计入内，不另计算。

7) 地面工程
(1) 相关知识介绍
海墁：指庭院中除了甬路之外，其他地方也可都墁砖的做法。
甬路：指通向厅堂、走廊和主要建筑物的道路。在园林景观中是指园林景观中的林间小路。
园路：指联系景区、景点及活动场所的纽带，具有引导游览、分散人流的功能。一般分为：主干道、次干道和游步道。园路的基本构成包括：垫层、结合层、面层。又由于不同景观的需要，面层又可采用片石、卵石、水泥砖、镶草砖等。

园林中的路是联系各景区景点的纽带和脉络，在园林中起着组织交通的作用，它与城市的马路是截然不同的概念，园林中的路是随地形环境、自然景色的变化而布置，引导并组织游人在不断变化的景物中观赏到最佳景观，从而获得轻松、幽静、自然的感受。园林中的路不仅仅有交通联系的功能，它本身也是园林景观的组成部分，它的面材和式样是丰富多彩的，常采用的有：石、砖、水泥预制块、各种瓷砖、青石。庭院的地面常采用方砖铺砌，曲折的小径则常采用砖、卵石、青石等材料配合。

(2) 编制工程量清单应说明的问题和应包括的工作内容
① 水泥砂浆地面项目包括：抹灰，压光。
② 水磨石地面项目包括：刷素水泥浆打底，嵌条，抹面，补砂眼，磨光，抛光，清洗，打蜡。
③ 大理石、花岗石地面项目包括：试排弹线，刷素水泥浆及成品保护，锯板磨边，铺贴饰面，擦缝，清理净面。
④ 陶瓷地砖、缸砖、水泥花砖、陶瓷锦砖地面项目包括：试排弹线，刷素水泥浆，锯板磨边，铺贴饰面，擦缝，清理净面。
⑤ 橡胶板、塑料板、塑料卷材地面项目包括：刮腻子，涂刷胶粘剂，铺贴面层，清理净面。
⑥ 硬木板地面项目包括：刷胶，铺贴面层，打磨净面，龙骨铺设，毛地板制作、安装，刷防腐剂。
⑦ 水泥砂浆踢脚线项目包括：抹灰，压光。
⑧ 石材踢脚线、块料踢脚线项目包括：试排弹线，刷素水泥浆及成品保护，锯板磨边，铺贴饰面，擦缝，清理净面。
⑨ 金属扶手带栏杆、栏板项目包括：放样，下料，铆接，焊接，玻璃安装，打磨抛光。
⑩ 金属靠墙扶手项目包括：制作，安装，支托，搣弯，打洞堵混凝土。
⑪ 石材台阶面、块料台阶面项目包括：试排弹线，刷素水泥浆，锯板磨边，铺贴饰面，擦缝，清理净面。
⑫ 水泥砂浆台阶面项目包括：抹面，找平，压实，养护。
⑬ 剁斧石台阶面项目包括：抹面，找平，压实，剁面，养护。

⑭ 碎拼石材零星项目、块料零星项目包括：试排弹线，刷素水泥浆，锯板磨边，铺贴饰面，擦缝，清理净面。

⑮ 地面垫层项目包括：铺设垫层，拌合，找平，夯实，调制砂浆及灌缝，混凝土浇筑、振捣、养护，炉渣混合物铺设拍实；混凝土垫层还包括原土夯实。

⑯ 编制工程量时，各项目应包括以下工程内容：

    a. 水泥砂浆地面项目包括：基层清理，垫层铺设，抹找平层，防水层铺设，抹面层，材料运输。

    b. 现浇水磨石地面项目包括：基层清理，垫层铺设，抹找平层，防水层铺设，面层铺设，嵌缝条安装，磨光，酸洗，打蜡，材料运输。

    c. 细石混凝土地面项目包括：基层清理，垫层铺设，抹找平层，防水层铺设，面层铺设，材料运输。

    d. 水泥豆石浆地面项目包括：基层清理，垫层铺设，抹找平层，防水层铺设，抹面层，材料运输。

    e. 石材地面、块料地面项目包括：基层清理，垫层铺设，抹找平层，防水层铺设，填充层、面层铺设，嵌缝，刷防护材料，酸洗，打蜡，材料运输。

    f. 橡胶板地面、塑料板地面、塑料卷材地面项目包括：基层清理，抹找平层，填充层、面层铺设，压缝条装钉，材料运输。

    g. 硬木板地面项目包括：基层清理，抹找平层，铺设填充层，龙骨铺设，铺设基层，面层铺贴，刷防护材料，材料运输。

    h. 水泥砂浆踢脚线、石材踢脚线、块料踢脚线项目包括：基层清理，底层抹灰，面层铺贴，刷防护材料，材料运输。

    i. 金属扶手带栏杆、栏板、金属靠墙扶手项目包括：制作，运输，安装，刷防护材料，刷油漆。

    j. 石材台阶面、块料台阶面项目包括：基层清理，底层抹灰，面层铺贴，勾缝，刷防护材料，材料运输。

    k. 水泥砂浆台阶面项目包括：基层清理，底层抹灰，抹面层，抹防滑条，材料运输。

    l. 剁斧石台阶面项目包括：基层清理，铺设垫层，抹找平层，抹面层，剁斧石，材料运输。

    m. 石材零星项目、碎拼大理石零星项目、块料零星项目包括：基层清理，抹找平层，面层铺贴，勾缝，刷防护材料，酸洗，打蜡，材料运输。

⑰ 水泥砂浆地面项目应注明垫层材料种类、厚度、找平层厚度、砂浆配合比、防水层厚度、材料种类，面层厚度、砂浆配合比。

⑱ 现浇水磨石地面项目应注明垫层材料种类、厚度，找平层厚度、砂浆配合比，防水层厚度、材料种类、面层厚度、水泥石子浆配合比，嵌条材料种类、规格，石子种类、规格、颜色种类，颜色，图案要求，磨光、酸洗、打蜡要求。

⑲ 石材地面、块料地面项目应注明垫层材料种类、厚度，找平层厚度、砂浆配合比，防水层材料种类，填充材料种类、厚度，结合层厚度、砂浆配合比，面层材料品种、规格、品牌、颜色，嵌缝材料种类，防护层材料种类，酸洗、打蜡要求。

⑳ 橡胶板地面、塑料板地面、塑料卷材地面项目应注明找平层厚度，砂浆配合比，填充材料种类、厚度，粘结层厚度，材料种类，面层材料品种、规格、品牌、颜色，压线条种类。

㉑ 硬木板地面项目应注明找平层厚度，砂浆配合比，填充材料种类、厚度，龙骨材料种类、规格，铺设间距，基层材料种类、规格，面层材料品种、规格、品牌、颜色，粘结材料种类，防护层材料种类，油漆品种，刷漆遍数。

㉒ 水泥砂浆踢脚线项目应注明踢脚线的高度、底层厚度、砂浆配合比、面层厚度。

㉓ 石材踢脚线、块料踢脚线项目应注明踢脚线的高度、底层厚度、砂浆配合比，粘贴层厚度，材料种类，面层材料品种、规格、品牌、颜色，勾缝材料种类，防护材料种类。

㉔ 金属扶手带栏杆、栏板项目应注明扶手材料的种类、规格、品牌、颜色，栏板材料的种类、规格、品牌、颜色，固定配件的种类，防护材料的种类，油漆品种，刷漆遍数。

㉕ 石材台阶面、块料台阶面项目应注明垫层材料的种类、厚度，找平层的厚度，砂浆配合比，粘结层材料种类，面层材料品种、规格、品牌、颜色，勾缝材料种类，防滑条材料种类、规格，防护材料种类。

㉖ 水泥砂浆台阶面应注明垫层材料的种类、厚度，找平层的厚度，砂浆配合比，粘结层材料种类，面层材料厚度、砂浆配合比，防滑条材料种类。

(3) 地面工程工程量计算规则

① 整体面层、块料面层按设计图例尺寸以面积计算。扣除凸出地面构筑物、设备基础、室内铁道、地沟所占的面积，不扣除间壁墙和 0.3m² 以内的柱、垛、附墙烟囱及孔洞所占的面积。门洞、空圈、暖气包槽的开口部分不增加面积。

② 橡、塑、木地板按设计图例尺寸以面积计算。门洞、空圈、暖气包槽的开口部分并入相应的工程量内。

③ 水泥砂浆踢脚线按设计图例尺寸以米计算，不扣除门洞及空圈的长度，但门洞、空圈和垛的侧壁也不增加。

④ 块料面层踢脚线按设计图例长度乘以高度，以面积计算。

⑤ 扶手、栏杆、栏板装饰按设计图例尺寸以扶手中心线的长度(包括弯头的长度)计算。

⑥ 台阶装饰按设计图例尺寸以台阶(包括最上层踏步边沿加 300mm)水平投影面积计算。

⑦ 零星装饰项目按设计图例尺寸以面积计算。

⑧ 地面垫层面积同地面面积，应扣除沟道所占面积，乘以垫层厚度，以立方米计算。

⑨ 地面嵌金属分割条按设计图例尺寸以米计算。

⑩ 台阶踏步防滑条按踏步两端距离减 30cm，以米计算。

8) 墙、柱面装饰工程

(1) 相关知识介绍

找平层：是指垫层上、楼板上或是轻质材料、松散材料层上起整平、找坡或是加强作用的构造层，常见的是水泥砂浆找平层和细石混凝土找平层。

白灰砂浆：是以白灰膏为胶凝材料并和水、细砂按一定比例拌合而成的。

水泥砂浆：是以水泥为胶凝材料，并和砂子、水按一定比例拌合而成的。

剁斧石：又称斩假石。它是以水泥石渣浆作为抹灰面层，待其硬化具有一定强度时，用钝斧及各种凿子等工具在其面层上剁斩出类似石材的纹理，具有粗面花岗岩石的效果。

刮腻子：也叫批灰。它是一种专门配制的油性灰膏。用来嵌补物体表面坑凹裂缝等缺陷以便于刷涂、裱糊。

花岗石：是花岗岩加工成成品的俗称。它属于酸性结晶深成岩，是火山岩中分布最广的岩石，其主要成分为长石、石英和少量云母。

汉白玉：是一种纯白色大理石。因其石质晶莹纯净、洁白如玉而得名。

青白石：是一种石灰岩的俗称，颜色为青白色。

牙子石：是指栽于路边的压线石块。相当于现代道路中的侧缘石。主要作用是保证路面的宽度和整齐。

(2) 编制工程量清单应说明的问题和应包括的工作内容

① 墙、柱面一般抹灰项目包括：抹面，找平，罩面，压光，抹门窗洞口侧壁，护角，阴阳角，装饰线，贴木条等全部操作过程。

② 水刷石项目包括：分层抹灰，刷浆，找平，起线拍平，压实，刷面。

③ 干粘石项目包括：分层抹灰，刷浆，找平，起线，粘实，压平，刷面。

④ 剁斧石项目包括：分层抹灰，刷浆，找平，起线，压平，压实，剁面。

⑤ 水磨石项目包括：分层抹灰，刷浆，找平，配色抹面，起线，压平，压实，磨光。

⑥ 拉条、甩毛项目包括：分层抹灰，刷浆，找平，罩面，分格，拉毛，甩毛。

⑦ 分格嵌缝项目包括：玻璃条制作，安装，划线分格，涂刷素水泥浆。

⑧ 挂贴大理石、花岗石项目包括：刷浆，预埋铁件，选料湿水，钻孔成槽，镶贴面层及阴阳角，磨光，打蜡，擦缝，养护。

⑨ 粘贴大理石、花岗石项目包括：打底刷浆，镶贴块料面层，刷胶粘剂，切割面料，磨光，打蜡，擦缝，养护。

⑩ 干挂大理石、花岗石项目包括：清洗大理石，钻孔成槽，安铁件，挂大理石、花岗石，刷胶，打蜡，清洁面层。

⑪ 粘贴凹凸假麻石块项目包括：砂浆找平，选料，抹结合层砂浆，贴凹凸面，擦缝。

⑫ 碎拼大理石、花岗石项目包括：打底刷浆，镶贴块料面层，砂浆勾缝，磨光，打蜡，擦缝，养护。

⑬ 砂浆粘贴陶瓷锦砖、面砖、墙砖、文化石项目包括：打底抹灰，刷水泥浆，选料，抹结合层砂浆，镶贴面层，擦缝，清洁表面。

⑭ 干粉粘贴陶瓷锦砖、面砖、墙砖、文化石项目包括：打底抹灰，刷水泥浆，选料，刷胶粘剂，镶贴面层，擦缝，清洁表面。

⑮ 砂浆粘贴卵石项目包括：打底抹灰，选石，镶贴卵石，擦缝，清洁表面。

⑯ 干挂石材钢骨架项目包括：骨架制作，运输，安装，刷油漆。

⑰ 顶棚抹灰项目包括：抹灰，找平，罩面及压光。

⑱ 石材墙面、柱面、零星项目、园林小品、水池、花坛壁面；碎拼石材墙面、柱面、零星项目、园林小品、花坛壁面；块料墙面、柱面、零星项目、水池、花坛壁面项目包括：基层清理，砂浆制作，运输，底层抹灰，结合层铺贴，面层铺贴，镶缝，刷防护材料，磨光，酸洗，打蜡。

⑲ 石材墙面、柱面、零星项目、园林小品、水池、花坛壁面；碎拼石材墙面、柱面、零星项目、园林小品、花坛壁面；块料墙面、柱面、零星项目、水池、花坛壁面项目应注明墙、柱类型、底层厚度、砂浆配合比、结合层厚度、材料种类、面层品种、规格、颜色、磨光、酸洗要求。

⑳ 墙面抹灰项目包括：抹灰、找平、罩面、压光、抹门窗洞口侧壁，护角，阴阳角，装饰线等

全部操作过程。还包括基层处理，砂浆制作、运输，底层抹灰，抹面层，抹装饰面等。

㉑ 墙面、零星项目抹灰项目应注明墙类型、底层厚度、砂浆配合比、面层厚度、装饰面材料种类等。

㉒ 各种抹灰基价子目配合比如与设计要求不同时，不允许换算，当主材品种不同时，可根据设计要求对主材进行补充、换算，但人工费、辅助材料费、机械费及管理费不变。

(3) 工程量计算规则

① 墙面抹灰按设计尺寸以面积计算。扣除墙裙、门洞口以及单个面积在 0.3m² 以外的孔洞所占的面积，不扣除踢脚线、挂镜线和墙与构件交接处所占的面积，门洞口和孔洞的侧壁及顶面也不增加面积。附墙柱、梁、垛的侧壁并入相应的墙面面积内。

② 柱面抹灰按设计图例柱断面周长乘以高度以面积计算。

③ 零星抹灰按设计图例尺寸以面积计算。

④ 墙面镶贴块料按设计图例尺寸以面积计算。

⑤ 干挂石材钢骨架按设计图例尺寸以质量计算。

⑥ 柱面、镶贴块料按设计图例尺寸以面积计算。

⑦ 零星镶贴块料按设计图例尺寸以面积计算。

⑧ 园林小品及水池、花坛壁面镶贴块料按设计图例尺寸以面积计算。

⑨ 顶棚抹灰按设计图例尺寸以水平投影面积计算。不扣除间壁墙、垛、柱、检查口和管道所占的面积，带梁顶棚、梁两侧抹灰面积并入顶棚面积内。

⑩ 外墙墙裙抹灰面积按其长度乘以高度以展开面积计算。门口和空圈所占面积应予扣除，侧壁并入相应项目计算。

⑪ 内墙面抹灰面积按主墙间的净长乘以高度计算，无墙裙的其高度按室内楼地面至顶棚底面计算；有墙裙的其高度按墙裙顶至顶棚底面另加 10cm 计算。

⑫ 内墙裙抹灰面按内墙净长乘以高度计算。

⑬ 外墙面抹灰，应扣除墙裙、门窗洞口和空圈所占的面积，不扣除单个面积在 0.3m² 以内的孔洞所占的面积。门窗洞口及空圈的侧壁、顶面、垛的侧面抹灰，并入相应的墙面抹灰中计算。

⑭ 墙面镶贴块料面层按设计图例尺寸以面积计算。

⑮ 彩钢板及百叶铝材是按设计图例尺寸以面积计算的。

⑯ 挑檐、天沟均按结构设计断面尺寸以展开面积按相应基价子目以平方米计算。

⑰ 外檐装饰线以展开面积计算。外窗台抹灰长度如设计图纸无规定时，可按窗外围宽度两边共加 20cm 计算。

⑱ 单梁抹灰均按结构设计断面尺寸以展开面积计算。

⑲ 水泥字按个计算。

⑳ 墙面勾缝按垂直投影面积计算，应扣除墙面和墙裙抹灰面积，不扣除门窗洞口所占面积及腰线、窗套等零星抹灰面积，但垛和门窗洞口侧壁和顶面的勾缝面积也不增加。

㉑ 零星项目的装饰抹灰或镶贴块料面层均按设计图例尺寸以展开面积计算。其中栏板、栏杆按外立面垂直投影面积乘以系数 2.2，砂浆种类不同时，应分别按展开面积计算。

㉒ 有坡度及拱顶的顶棚抹灰面积，按展开面积以平方米计算。

9) 油漆、涂料工程

(1) 相关知识介绍

防锈漆：一种防止金属构件锈蚀的油漆，主要有油漆和树脂防锈漆。

乳胶漆：又称乳胶涂料。它是由合成树脂乳液借助乳化剂的作用，以极细微粒子融于水中构成乳液为主要成膜物而研磨成的涂料。它以水为稀释剂。具有无毒、无味、不易燃烧、不污染环境等特点，它既可以用作外墙涂料也可作为内墙涂料。

(2) 编制工程量清单应说明的问题和应包括的工作内容

① 木材面油漆、混凝土构件面油漆、抹灰面油漆项目包括：基层清理，刮腻子，磨砂纸，刷防护材料及油漆。

② 喷、刷涂料项目包括：基层清理，刮腻子，磨砂纸，喷、刷涂料。

③ 花饰、线条刷涂料项目包括：基层处理，刮腻子，磨砂纸，刷涂料。

(3) 工程量计算规则

① 木梁、柱、檩条油漆，按设计图例尺寸以油漆展开面积计算。

② 木板类油漆，按设计图例尺寸以油漆展开面积计算。

③ 木栅栏、木栏杆油漆，按设计图例尺寸以单面外围面积计算。

④ 混凝土梁、柱、檩条油漆，按设计图例尺寸以油漆部分展开面积计算。

⑤ 抹灰面油漆，按设计图例尺寸以油漆展开面积计算。

⑥ 抹灰线条油漆，按设计图例尺寸以长度计算。

⑦ 刷、喷涂料，按设计图例尺寸以面积计算。

⑧ 空花格、栏杆刷涂料，按设计图例尺寸以单面外围面积计算。

⑨ 线条刷涂料，按设计图例尺寸以长度计算。

3.3.3 景观给水排水及喷泉灌溉设备安装工程工程量清单的编制

1) 相关知识介绍

(1) 管道工程的分类

一般工业与民用管道工程按工作介质和用途可分为工艺管道、给水排水、消防、采暖及燃气管道等工程。

园林给水系统主要包括绿地喷灌工程、喷泉工程和排盐工程。

(2) 管材的分类

① 园林绿化给水工程包括的管材种类很多，概括地说主要有金属管道和非金属管道。金属管道有铸铁管、焊接钢管、镀锌钢管、无缝钢管、不锈钢管；非金属管道有塑料管、预应力钢筋混凝土管、石棉水泥管。塑料管有聚氯乙烯管、聚乙烯管、改性聚丙烯管等。

② 塑料管：园林给水工程中常用的塑料管有硬聚氯乙烯管、交联聚乙烯管、聚丙烯管等。塑料管具有重量轻、抗振性好、耐磨、耐腐蚀、安装方便、使用寿命长、内壁光滑水力性能好等优点，可输送多种酸、碱、盐及有机溶剂。但受温度影响容易变形、变脆，工作压力不稳定，膨胀系数较大。

(3) 管件和紧固件

当管道需要连接、分支、转弯、变径时，就需要用管件来解决，对不同的管道则需要采取不同的管件。常用的管件有三通、弯头、四通、管箍、异径管、法兰、活接头、外丝等。

(4) 常用阀门

阀门是控制管道内流体流动及调节管道内的水量和水压的重要设备。它可以开闭、调节、维持一定的压力，阀门一般都安装在分支管处、穿障碍物和过长的管线上。阀门的口径一般与管径相同。

由于阀门的功能和结构不同，可分为闸阀、截止阀、蝶阀、止回阀、减压阀、疏水器、电磁阀、安全阀、球阀等许多类型。给水管路一般用闸阀和蝶阀。

(5) 几种常用水泵的性能特点

园林工程中常用的水泵主要有离心式水泵和潜水泵两种，离心泵分为单级离心泵和多级离心泵两种，其特点是依靠泵内的叶轮旋转所产生的离心力将水吸入并压出。离心式水泵结构简单、体积小、重量轻、吸程高、耗电低、扬程选择范围大，使用维修方便。潜水泵具有使用方便、安装简便、不占地等特点。水泵的型号是按流量、扬程、尺寸来决定的。

(6) 喷泉工程

喷泉是人们为了造景需要而建造在园林、城市街道广场和公共建筑中具有装饰性的喷水装置。它对城市环境具有多种价值，不仅能湿润周围空气、清除尘埃，而且能通过水珠与空气的撞击产生大量对人体有益的负氧离子，增进人的身体健康；同时，婀娜多姿的喷泉造型，随着音乐欢快跳动的水花，配上色彩纷呈的灯光，既能美化环境、提高城市文化艺术面貌，又能使人精神振奋，给人以美的享受。喷泉从其外形可分为水泉和旱泉，其类型有普通装饰性喷泉、与雕塑结合的喷泉、水雕塑、自控喷泉，控制方式可分为手控、程控、声控。水姿多样，富于变换，创造无穷意境。因此，喷泉在建筑、园林、旅游事业中，受到了广泛的重视。喷泉一般都采用自循环方式。进水管的设计要求在较短时间内能充满水池。管路与潜泵应贯彻结构紧凑、独立供水的原则，以便设备布局和系统的调试与控制。喷泉的色彩来自两种光源，一种是水下彩色光源，另一种是水面外的投射光源。水下光源安装在喷头附近的水面下，投射光源则根据水形与流向确定其安装位置和照射方向。喷泉系统的控制方式通常有手动控制、程序控制和音乐控制三种。手动控制喷泉缺乏变化，但成本低廉。程序控制喷泉有丰富的水形变化。音乐控制喷泉采用无级调速控制，将音乐与水形变化完美结合，同时给人们以视觉和听觉的享受。喷泉的种类主要有以下几种：

① 音乐喷泉：由电脑控制声、光及喷孔组合而产生不同形状与色彩，并且配合音乐节奏；

② 程控喷泉：程控的特点是需要针对每一个乐曲编程；

③ 雕塑喷泉：雕塑本身已是一种很形象的艺术，但若配以活水，则会呈现出另一番情趣；

④ 旱池喷泉：喷泉放置在地下，表面饰以光滑美丽的石材，可铺设成各种图案和造型；

⑤ 壁泉：人工堆叠的假山或自然形成的陡坡壁面上有水流过形成壁泉；

⑥ 涌泉：水由下向上冒出，不作高喷，称为涌泉；

⑦ 泳池喷泉：在泳池内设置的喷泉，具活水、清新空气、嬉戏等功能；

⑧ 室内喷泉：娱乐场、酒店、居家等配以装饰性的喷泉，定能给人以高雅、素美之感；

⑨ 其他喷泉：水幕电影、子弹喷泉、时钟喷泉、鼠跳泉、游戏喷泉、乐谱喷泉……

(7) 绿地灌溉工程

园林草坪是为改善环境、增加美感、陶冶情操等目的而栽植的，因此要求它们最好常年生长皆绿。现代园林草坪灌溉的方法主要有喷灌和微灌技术，如果我们想使整个面积都得到相同的水量，通常用喷灌，如草坪灌溉。如果我们想让某一特定区域湿润而使周围干燥时，可采用微喷灌或滴灌，如灌木灌溉。滴灌有时也用于草坪地下灌溉。园林草坪喷微灌技术以其节水、节能、省工和灌水质量高等优点，越来越被人们所认识。绿地灌溉工程中管道的敷设方式有地埋固定管道和地面移动管道两种。我国喷灌工程的地埋固定管道一般使用硬质聚氯乙烯管、改性聚丙烯管、钢丝网水泥管、钢筋混凝土管、铸铁管等，这些管材均可满足喷灌工程的技术要求。这些管材的性能前面都做过介绍，在此就不一一介绍了。我国地面移动管道主要使用带有快速接头的薄壁铝合金管和塑料软管。其中的薄壁铝管的生产工艺经历了冷拔、焊接、挤压三个阶段，已达到铝材生产的先进水平。挤压铝合金管较冷拔管的成品率高得多，而机械性能又优于焊接管。移动铝管除管材外，还要配上快速接头，才能成为移动管道。快速接头及其他附件一般是由喷灌机厂生产并成套供应移动管道式喷灌系统。

2）管道系统相关的设备安装工程工程量清单编制及工程量计算规则

(1) 管道安装

① 各种管道，均以施工图所示中心长度，以"m"为计量单位，不扣除阀门、管件(包括减压器、疏水器、水表、伸缩器等组成安装)所占的长度。

② 镀锌钢板套管制作，以"个"为计量单位，其安装已包括在管道安装基价内，不得另行计算。

③ 管道支架制作安装，室内管道公称直径32mm以下的安装工程已包括在内，不得另行计算。公称直径32mm以上的，可另行计算。

④ 各种伸缩器制作安装，均以"个"为计量单位。方形伸缩器的两臂，按臂长的两倍合并在管道长度内计算。

⑤ 管道压力试验，按不同的压力和规格不分材质以"m"为计量单位，不扣除阀门、管件所占的长度。调节阀等临时短管制作拆装项目，使用管道系统试压时需要拆除的阀件以临时短管代替连通管道，其工作内容包括完工后短管拆除和原阀件复位等。液压试验和气压试验已包括强度试验和严密性试验的工作内容。

(2) 阀门安装

① 一般阀门安装均应根据项目特征(名称；材质；连接形式；焊接方式；型号；规格；绝热及保护层要求)以"个"为计量单位。按设计图纸数量计算。其工程内容包括：安装；操纵装置安装；绝热；保温盒制作；安装、除锈、刷油；压力试验、解体检查及研磨；调试。法兰阀门安装，如仅为一侧法兰连接时，基价所列法兰、带螺栓及垫付圈数量减半，其余不变。

② 各种法兰连接用垫片，均按石棉橡胶板计算，如用其他材料，不得调整。

③ 法兰阀(带短管甲乙)安装，均以"套"为计量单位，如接口材料不同时，可作调整。

④ 自动排气阀安装以"个"为计量单位，已包括了支架制作安装，不得另行计算。

⑤ 浮球阀安装均以"个"为计量单位，已包括了联杆及浮球的安装，不得另行计算。

⑥ 浮标液面计、水位标尺是按国标编制的，如设计与国标不符时，可作调整。

(3) 低压器具、水表组成与安装

① 减压器、疏水器组成安装以"组"为计量单位，如设计组成与基价不同时，阀门和压力表数量可按设计用量进行调整，其余不变。

② 减压器安装按高压侧的直径计算。

③ 法兰水表安装以"组"为计量单位。基价中旁通管及止回阀如设计规定的安装形式不同时，阀门及止回阀可按设计规定进行调整，其余不变。

(4) 风机、泵安装

① 水泵安装以"台"为计量单位；以设备质量"t"分列基价项目。在计算设备质量时，直联体的风机、泵，以本体及电机、底座的总质量计算。非直联式的风机和泵，以本体和底座的总质量计

算，不包括电动机质量。

② 深井泵的设备质量以本体、电动机、底座及设备扬水管的总质量计算。

③ DB 型高硅铁离心泵以"台"为计量单位，按不同设备型号分列基价项目。

(5) 刷油、防腐蚀、绝热工程

工程量计算公式：

① 除锈、刷油工程。

设备筒体、管道表面积计算公式：

$$S = \pi \times D \times L$$

式中　π——圆周率；

D——设备或管道直径；

L——设备筒体高或管道延长米。

② 计算设备筒体、管道表面积时已包括各种管件、阀门、人孔、管口凹凸部分，不再另处计算。

(6) 防腐蚀工程

工程量计算公式：

① 设备筒体、管道表面积计算公式：$S = \pi \times D \times L$

② 阀门、弯头、法兰表面积计算公式。

A. 阀门面积：

$$S = \pi \times D \times 2.5D \times K \times N$$

式中　D——直径；

K——1.05；

N——阀门个数。

B. 弯头面积：

$$S = \pi \times D \times 1.5D \times K \times 2\pi \times N/B$$

式中　D——直径；

K——1.05；

N——弯头个数。

B 值取定为：90°弯头 $B=4$；45°弯头 $B=8$。

C. 法兰表面积：

$$S = \pi \times D \times 1.5D \times K \times N$$

式中　D——直径；

K——1.05；

N——法兰个数。

③ 设备和管道法兰翻边防腐蚀工程量计算式：

$$S = \pi \times (D + A) \times A$$

式中　D——直径；

A——法兰翻边宽。

(7) 绝热工程量

工程量计算公式：

① 设备筒体或管道绝热、防潮和保护层计算公式：
$$V = \pi \times (D + 1.033\delta) \times 1.033\delta$$
$$S = \pi \times (D + 2.1\delta + 0.0082) \times L$$

式中　　D——直径；
　　1.033、2.1——调整系数；
　　　　δ——绝热层厚度；
　　　　L——设备筒体或管道长；
　　0.0082——捆扎线直径或钢带厚。

② 阀门绝热、防潮和保护层工程量计算公式：
$$V = \pi(D + 1.033\delta) \times 2.5D \times 1.033\delta \times 1.05 \times N$$
$$S = \pi(D + 2.1\delta) \times 2.5D \times 1.05 \times N$$

③ 法兰绝热、防潮和保护层计算公式：
$$V = \pi(D + 1.033\delta) \times 1.5D \times 1.033\delta \times 1.05 \times N$$
$$S = \pi(D + 2.1\delta) \times 1.5D \times 1.05 \times N$$

④ 弯头绝热、防潮和保护层计算公式：
$$V = \pi(D + 1.033\delta) \times 1.5D \times 2\pi \times 1.033\delta \times N/B$$
$$S = \pi(D + 2.1\delta) \times 1.5D \times 1.05 \times 2\pi \times N/B$$

(8) 计量单位

① 刷油工程和防腐工程中设备、管道以"m²"为计量单位。一般金属结构和管廊钢结构以"kg"为计量单位；H型钢制结构(包括大于400mm以上的型钢)以"10m³"为计量单位。

② 绝热工程中绝热层以"m³"为计量单位，防潮层、保护层以"m²"为计量单位。

③ 计算设备、管道内壁防腐蚀工程量时，当壁厚大于等于10mm时，按其内径计算；当壁厚小于10mm时，按其外径计算。

④ 按照规范要求，保温厚度大于100mm、保冷厚度大于80mm时应分层安装，工程量应分层计算。

⑤ 保护层镀锌钢板厚度是按0.8mm以下综合考虑的，若采用厚度大于0.8mm时，其人工乘系数1.2；卧式设备保护层安装，其人工乘以系数1.05。

3.3.4 景观电气照明设备安装工程工程量清单的编制

1) 相关专业知识介绍

(1) 电缆工程

① 电缆的基本构造是由导体、绝缘层、保护层三部分组成的。电缆的型号及其构造：电缆按导线材质可分为两种：铜芯、铝芯。按用途可以分为：电力电缆、控制电缆、通信电缆、射频同轴电缆、移动式软电缆。按绝缘可分为：橡皮绝缘、油浸纸绝缘、塑料绝缘。按芯数分：单芯、双芯、三芯、四芯及多芯。按电压可分为：低压电缆、高压电缆。工作电压等级有：500V、1kV、6kV及10kV等。

② 电缆型号的内容包含有：用途类别、绝缘材料、导体材料、铠装保护层等。

电缆的型号见表3-3，外保护层代号见表3-4，在电缆型号后面还注有芯线根数、截面、工作电压和长度。

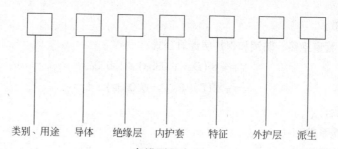

类别、用途　导体　绝缘层　内护套　特征　外护层　派生

电缆型号含义　　　　　　　　　　　　　　　　　　　　　　表 3-3

类 别	导 体	绝 缘	内护套	特 征
电力电缆（省略不表示） K：控制电缆 P：信号电缆 YT：电梯电缆 U：矿用电缆 Y：移动式软缆 H：市内电缆 UZ：电钻电缆 DC：电气化车辆用电缆	T：铜线（可省） L：铝线	Z：油浸纸 X：天然橡胶 (X)D 丁基橡胶 (X)E 乙丙橡胶 VV：聚氯乙烯 Y：聚乙烯 YJ：交联聚乙烯 E：乙丙胶	Q：铅套 L：铝套 H：橡套 (H)P：非燃性 HF：氯丁胶 V：聚氯乙烯护套 Y：聚乙烯护套 VF：复合物 HD：耐寒橡胶	D：不滴油 F：分相 CY：充油 P：屏闭 C：虑尘用或重型 G：高压

外保护层代号含义　　　　　　　　　　　　　　　　　　　　表 3-4

第一个数字		第二个数字	
代号	铠装层类型	代号	外被层类型
0	无	0	无
1	钢带	1	纤维线包
2	双钢带	2	聚氯乙烯护套
3	细圆钢丝	3	聚乙烯护套
4	粗圆钢丝	4	

外保护层还有一些其他的标识方法，例：11——裸金属护套；12——钢带铠装一级保护层；22——钢带铠装二级保护层；20——裸钢带铠装一级保护层；29——内钢带铠装外保护层

例：YJLV22-3×25+1×16-10-350，表示交联聚乙烯绝缘、聚氯乙烯内护套、双钢带铠装、聚氯乙烯外护套、三芯 25mm²、一芯 16mm² 的电力电缆。

常用电缆的规格型号（表 3-5）。

常用电缆规格型号　　　　　　　　　　　　　　　　　　　　表 3-5

型 号	名 称	备 注
VV	铜芯聚氯乙烯绝缘聚氯乙烯护套电缆	铝芯为 VLV
VV29	铜芯聚氯乙烯绝缘聚氯乙烯护套内钢带铠装电缆	铝芯为 VLV29
ZR-VV	铜阻燃聚氯乙烯绝缘聚氯乙烯护套电缆	铝芯为 ZR-VLV
ZR-VV22	铜阻燃聚氯乙烯绝缘聚氯乙烯护套电缆	铝芯为 ZR-VLV22
KVV	铜芯聚氯乙烯绝缘、聚氯乙烯护套控制电缆	铝芯为 KLVV
KVV29	铜芯聚氯乙烯绝缘、聚氯乙烯护内钢带铠装控制电缆	
HQ	铜芯纸绝缘裸铅包电话电缆	
HLQ	铜芯纸绝缘裸铅包电话电缆	
YZ	中型橡套电缆	
YC YCW	重型橡套电缆	

(2) 常用的低压控制和保护器

工程中常用的低压电器设备有刀开关、熔断器、低压断路器、接触器、磁力启动器及各种继电器等。

(3) 灯具安装基本要求

① 室外照明安装不应低于 3m(在墙上安装时可不低于 2.5m)。

② 路灯安装的相线应装熔断器，线路进入灯具处应做防水弯。路灯可分为马路弯灯、高压水银柱灯和钠柱灯。一般装于水泥柱或金属管杆上，柱或杆的底部一般都装有底座，底座内装有接线板或接线盒，内装保险丝、整流器。路灯根据要求可分为单叉、双叉等形式。

③ 金属卤化物灯的安装高度不应低于 5m，电源线经接线柱连接并不得使电源线靠近灯具表面；灯管必须与接触器和限流器配套使用。

④ 变配电所内高、低压柜及母线的正上方不得安装灯具(不包括采用封闭母线、封闭式盘柜的变配电柜)。

2) 与电气系统相关的工程量清单项目设置及工程量计算规则

(1) 电缆

① 直埋电缆的挖、填土(石)方，除特殊要求外，可按表 3-6 计算土方量。

直埋电缆土方量计算表　　　　　　　　　　　表 3-6

项　　目	电　缆　根　数	
	1～2	每增一根
每米沟长挖方量(m³)	0.45	0.153

注：1. 两根以内的电缆沟，系按上口宽度 600mm、下口宽度 400mm、深度 900mm 计算的常规土方量(深度按规范的最低标准)；

2. 每增一根电缆，其宽度增加 170mm；

3. 以上土方量系埋深从自然地坪起算，如设计埋深超过 900mm 时，多挖的土方量应另行计算。

② 电缆沟盖板揭、盖基价，按每揭或每盖一次延长米计算。如又揭又盖，则按两次计算。

③ 电缆保护管长度，除按设计规定长度计算外，遇到下列情况，应按以下规定增加保护管长度：

A. 横穿道路时，按路基宽度两端各增加 2m；

B. 垂直敷设时，管口距地面增加 2m；

C. 穿过建筑物外墙时，按基础外缘以外增加 1m；

D. 穿过排水沟时，按沟壁外缘以外增加 1m。

④ 电缆保护管埋地敷设，其土方量凡有施工图注明的，按施工图计算；无施工图的一般按沟深 0.9m、沟宽按最外边的保护管两侧边缘外各增加 0.3m 工作面计算。

⑤ 电缆敷设按单根以延长米计算，一个沟内(或架上)敷设三根各长 100m 的电缆，应按 300m 计算，以此类推。

⑥ 电缆敷设长度应根据敷设路径的水平和垂直敷设长度，按表 3-7 规定增加附加长度。

⑦ 电缆终端头及中间头均以"个"为计量单位。电力电缆和控制电缆均按一根电缆有两个终端头考虑。中间电缆头设计有图例的，按设计确定；设计没有规定的，按实际情况计算(或平均 250m 一个中间头考虑)。

电缆敷设附加长度 表 3-7

序 号	项 目	预留长度(附加)	说 明
1	电缆敷设弛度、波形弯度、交叉	2.5%	按电缆全长计算
2	电缆进入建筑物	2.0m	规范规定最小值
3	电缆进入沟内或吊架时引上(下)预留	1.5m	规范规定最小值
4	电力电缆终端头	1.5m	规范规定最小值
5	电缆进控制、保护屏及模拟盘等	高+宽	按盘面尺寸
6	变电所进线、出线	1.5m	规范规定最小值
7	电缆中间接头盒	两端各留 2.0m	检修余量最小值
8	高压开关柜、保护屏及模拟盘等	2.0m	盘下进出线
9	电缆至电动机	0.5m	从电机接线盒起算
10	电梯电缆与电缆架固定	每处 0.5m	规范最小值
11	电缆绕过梁柱等增加长度	按实计算	按被绕物的断面情况计算

注：电缆附加及预留长度是电缆敷设长度的组成部分，应计入电缆长度工程量之内。

(2) 控制设备及低压电器

① 控制箱、配电箱安装均应根据其名称、型号、规格，以"台"为计量单位，按设计图例数量计算。其工程内容包括：基础槽钢、角钢的制作安装；箱体安装。

② 盘、柜配线分不同规格，以"m"为计量单位。

③ 铁构件制作安装均按施工图设计尺寸，以成品质量"kg"为计量单位。

④ 焊压接线端子基价只适用于导线。电缆终端头制作安装基价中已包括压接端子，不得重复计算。

⑤ 小电器安装，应根据其名称、型号、规格，以"个"(套)为计量单位，按设计图例数量计算。

(3) 照明器具安装

① 普通吸顶灯及其他灯具安装，应根据其名称、型号、规格，以"套"为计量单位。按设计图例数量计算。其工程内容包括：支架制作、安装；组装；油漆。

② 装饰灯安装，应根据其名称、型号、规格、安装高度，以"套"为计量单位。按设计图数量计算。其工程内容包括：支架制作、安装；安装。

③ 荧光灯安装，应根据其名称、型号、规格、安装形式，以"套"为计量单位。按设计图例数量计算。其工程内容包括：安装。

④ 路灯安装工程，应区别不同臂长、不同灯数，以"套"为计量单位计算。

工厂厂区内、住宅小区内路灯安装执行本册基价，城市道路的路灯安装执行市政路灯安装基价。

⑤ 成套型、组装型杆座安装工程量，按不同杆座材质，以杆座安装只数计算。

(4) 电机检查接线及调试

普通小型直流电动机、可控硅调速直流电动机检查接线及调试，应根据其名称、型号、容量(kW)及类型，以"台"为计量单位，按设计图例数量计算。其工程内容包括：检查接线；干燥；系统调试。

(5) 配管配线

① 各种配管应区别不同敷设方式、敷设位置、管材材质、规格，以"延长米"为计量单位，不扣除管路中间的接线箱(盒)、灯头盒、开关盒所占长度。其工程内容包括：刨沟槽；钢索架设(拉紧

装置安装);支架制作、安装;电线管路敷设;接线盒(箱)、灯头盒、开关盒、插座盒安装;防腐油漆。

② 管内穿线的工程量,应区别线路性质、导线材质、导线截面,以单线"延长米"为计量单位计算。线路分支接头线的长度已综合考虑在基价中,不得另行计算。其工程内容包括:支持体(夹板、绝缘子、槽板等);钢索架设(拉紧装置安装);支架制作、安装;配线;管内穿线。照明线路中的导线截面大于或等于 6mm² 以上时,应执行动力线路穿线相应项目。

③ 动力配管混凝土地面刨沟工程量,应区别管子直径,以"延长米"为计量单位计算。

④ 灯具、明、暗开关、插座、按钮等的预留线,已分别综合在相应的基价内,不另行计算。配线进入开关箱、柜、板的预留线,按表3-8规定的长度,分别计入相应的工程量。

配线进入箱、柜、板的预留线(每一根线)　　　　　表3-8

序号	项　目	预留长度(m)	说　明
1	各种开关柜、箱、板	高+宽	盘面尺寸
2	单独安装(无箱、盘)的铁壳开关、闸刀开关、启动器、母线槽进出线盒等	0.3	以安装对象中心计算
3	由地面管子出口引至动力接线箱	1.0	从管口计算
4	电源与管内导线连接(管内穿线与软、硬线接点)	0.2	从管口计算
5	出户线	1.6	从管口计算

(6) 电气调整试验

① 电气调试系统的划分以电气原理系统图为依据。电气设备元件的本体试验均包括在相应基价的系统调试内,不得重复计算。

② 送配电设备系统调试,系按一侧有一台断路器考虑的,若两侧均有断路器时,则应按两个系统计算。

③ 送配电系统调试,适用于各种供电回路(包括照明供电回路)的系统调试。

(7) 相关规定

① 小电器包括:按钮、照明开关、插座、小型安全变压器、电风扇、继电器等。

② 普通吸顶灯及其他灯具包括:圆球吸顶灯、半圆球吸顶灯、方形吸顶灯、软线吊灯、吊链灯、防水吊灯、壁灯等。

③ 工厂灯包括:工厂罩灯、防水灯、防尘灯、碘钨灯、投光灯、混光灯、高度标志灯、密封灯等。

④ 装饰灯包括:吊式艺术装饰灯、吸顶式艺术装饰灯、荧光灯艺术装饰灯、几何型组合艺术装饰灯、标志灯、诱导装饰灯、水下艺术装饰灯、点光源艺术灯、歌舞厅灯具、草坪灯具等。

练习题

1. 熟悉绿化工程、园林小品工程、给水排水工程、电气照明工程的工程量计算规则。
2. 了解上述工程预算包含的工作内容和相关说明。
3. 了解上述工程中相关的知识。
4. 结合绿化工程和园林小品工程的计算规则,计算附录1和附录2中的绿化工程和园林建筑别墅工程,并做出工程量清单。

3.4 园林工程工程量编制技巧及注意的问题

3.4.1 怎样才能避免或是尽量不出现工程量编制中的错误

(1) 在计算前一定要反复地查看施工图纸,先大后小,先简后繁,前后对照,在查看中了解做法和构造,发现问题及时与设计人员沟通。

(2) 在计算前和计算中要及时去现场实地了解现状。

(3) 建立苗木场家的联系渠道,经常了解苗木的销售价格。

(4) 经常深入苗圃,调研苗木的生长和苗木的新品种的引进情况。

(5) 经常深入装饰市场和灯具市场,了解价格情况。

(6) 细心地做好每一个记录,以备查询。

(7) 在计算中做到草稿整洁,数字清楚整齐,便于查询和查看。

(8) 在计算中对于每一个数字的截取都要细心,对于感觉不是很清楚的数字或是图纸问题都要做到举一反三,前后对照。

(9) 对于常规的一些园林小品建立常规的总的价格监控,对每一次出现的园林小品根据做法和构造做一些常规的记录作为一个价格的总控,为今后相仿的园林小品做出一个价格的总控来检查验证计算是否出现错误。

(10) 熟悉基价中的各项规则和规定。

(11) 了解所签合同的全部内容。

(12) 做好现场签证的了解、保管、整理工作,及时地做好签证的结算工作。

3.4.2 在查看施工图纸时要注意什么问题

(1) 作为一个设计师,在设计中不可能不出现设计问题和标注问题。尺寸的标注错误,比例标注错误,做法设计错误,图例标注问题,苗木数量错误等等,这些都是需要注意的问题,一定要在计算中认真地查看,有些需要进行必要的抽查,比如苗木数量如果有时间的话就要重新数一下,就是时间紧张也要进行必要的抽查。

(2) 看图纸一定要细心,一定要全面,先从大的方面看,对于园林小品要全面地查看,对照平、立、剖面图和详图之间的联系及尺寸、做法。发现问题及时与设计师联系修改。

3.4.3 为什么要经常去深入现场

(1) 施工图纸与现场还是存在一定距离的,有些施工图纸是与施工现场相脱节的或是施工图纸本身表述得不清楚。比如,现场标高与施工图纸的标注肯定就会出现问题,这关系到今后计算挖土或是回填种植土的高度和数量,所以经常深入现场了解现场的第一手资料是很有必要的。

(2) 在施工中会发现有些设计是无法实现或是设计与施工现场有脱节的地方,这就需要预算人员及时地深入现场掌握第一手情况,与现场人员和研发人员共同商讨解决问题。

(3) 了解现场的一些排水、给水和供电管线的走向、位置、大小等。

3.4.4 为什么要熟悉基价

(1) 作为计算的依据,基价是不可替代的,了解并熟悉基价的计算规则和计算方法,包含的工作内容以及各种费用的记取等等,都是作为预算人员必须要熟知的。

(2) 基价每四年就要更换一次,增添新的内容,删减不用的项目,增加新的工艺和做法,重新拟定新的计算规则，这就要求预算人员要对新颁发的基价进行全面的学习和掌握。

3.4.5　怎样才能掌握变化多端的市场价格

(1) 对于变化很大且受季节和市场影响的苗木的价格，要与周边的苗圃和苗场建立苗木价格信息，经常深入这些苗圃进行调研，掌握第一手价格信息。

(2) 订阅并经常查看每个月由当地基价主管部门主办的建材造价信息，及时了解价格行情和信息。

(3) 经常深入装饰城、灯具城、石材城，了解建材和灯具的信息和价格变化。

(4) 利用网络工具查看、了解市场中建材的价格信息。

3.4.6　计算工程量时要注意的问题

(1) 计算时要做到草底整洁、干净。

(2) 计算中对于截取的尺寸要认真查对。

(3) 有电子图的要充分利用，用CAD软件截取尺寸更加准确，如果没有提供尺寸的可以利用软线作为量取曲形园林道路和小品的工具，再结合比例尺进行尺寸的截取。

(4) 对于因图纸标注不清或是有疑惑的问题要及时地作出标记，以待及时解决。

3.4.7　怎样对已经计算出的预算价值进行一个大致的审查

(1) 平时积累一些常规的园林小品的价格记录(区分不同形式和不同材质、不同做法的)，这样可以备查一些小的园林小品的价格是否在合理的价位。

(2) 平时积累一些不同小区和不同容积率的房屋的大致每平方米造价，这样可对预算进行一个大致的比较，得出一个合理的价位。比如洋房的、别墅的、高层的价位等。

(3) 经常到相关的单位进行调研，了解其他单位在不同小区或是公园建设的最后价格，作为资料验查所做的项目的基本合理性。

(4) 每一个项目结算后都要作出一个造价的分析(分不同种园林设计和房形设计)，得出绿地和建筑的每平方米造价，作为今后设计规划备用资料。

3.4.8　要了解所签合同的内容

(1) 要了解所签的甲乙双方的施工合同，作为计算的一个依据。

(2) 对于合同的一些约定和时间要求的奖罚规定都要了解，并在编制中有所反映。

3.4.9　最后预算的审查要注意什么问题

对绿化种植工程造价审定而言，审价人员必须依据工程竣工图、工程变更签证单、质量验收等资料，并经现场调查、核实，了解工程中各种变动因素后，方可进行正式的审查工作。审查工作一般可以分为：工程量核查、价格取定核查和费用计算核查三个阶段：

工程量核查阶段，主要了解该绿化种植工程中土方量(包括出废土、进种植土、场内土方驳运等)计算数据是否合理、正确，土方施工工程量作为隐蔽工程，签证手续是否齐全；苗木种植品种、数量统计是否正确；苗木规格是否和竣工图上要求的一致；施工质量是否达到设计要求等情况。

价格取定核查阶段，主要了解各种单价的取定是否合理、是否符合规定。其中包括土方单价的取定，是否符合文件规定；土方量计算中，是否有低价土方混进高价土方中计算的情况；核查苗木单价的发布期与工程施工期是否相符；如果实际种植苗木规格小于设计要求时，应选用相应较低的苗木单价；确定苗木种植数量不足或死亡的补救办法后(或由施工方补植，或由业主另行补植)，计算相应的苗木费用；同时还需核查苗木种植费用计算时，是否有高套定额单价和多套苗木数量等情况。

费用计算核查阶段，主要了解该工程类别、定位是否正确，费率百分比选用是否合理，计算结果是否正确；人工、材料、机械补差是否符合文件的规定，人工数量汇总是否正确等情况。

经过以上三个审查阶段的仔细复核，和审价人员后期认真计算后，才能保证该绿化工程最终造价的正确性。

3.4.10　计算种植土需要注意的问题

土方费用的计算，应根据不同的施工方法逐项分列计算土方量，再匹配相对应的土方单价进行计算，累计之和称之为该绿化种植工程的土方总费用。

一般计算方法如下：

(1) 当原地形标高、土壤质量符合绿化设计和植物生长要求，不需另行增加土方时，可计算一次绿地整理工程内容。绿地整理是园林植物种植前一项必不可少的施工工艺，按平方米计算。

(2) 当原地形标高符合设计要求，但少量土方质量不符合植物生长要求时，一般可采用好土深翻到表面、垃圾土深埋到地下的施工方法处理，其土方量的多少，可按实际挖土量计算。

(3) 当原地形标高太低，明显缺土时，一般采用种植土(汽车)内运的方式解决。按实际进土方量计算。

(4) 当原地形标高太高，有多余土外运(或者不采用垃圾土深埋处理方式)时，按实际外运土方量及相应单价，计算其外运土方费用。

(5) 当遇到施工现场因设计要求，堆置高低起伏地形时，可参照园林定额中的人工换土、土方造型子目基价，根据不同的堆置高度，分别计算堆土量，并根据相应的子目基价，计算其土方堆地形。

实际施工中，由于情况错综复杂，不单单发生一种情况，则应区别不同情况，按以上介绍的不同的土方费用计算方法，逐项进行土方费用的计算。

3.4.11　怎样避免计算中发生项目缺失

尽量以一种格式或是一种归类来安排计算。比如，可以按照基价的前后顺序来安排计算的项目或是按照一种归类来安排。例如，种植工程，苗木价格→栽植费→养管费→防寒费→开挖费→换土费等；道路工程，把小区内所有的道路工程归类起来，然后按照道路面层的不同材料做法来安排计算。

3.4.12　园林景观工程给水排水工程、电气工程工程量清单编制技巧及注意问题

园林绿化中的给水排水工程一般都是小区的喷泉用水及绿地灌溉用水。电气工程主要是室外的照明工程，在计算中应注意以下几点：

(1) 要经常翻看预算基价，不但要熟记基价的计算方法和计算规则，而且还要对自己常用的一些工程项目的基价做到领导什么时候问，什么时候都能马上回答。

(2) 做好预算还有一个更重要的环节就是积累经验，如何积累经验？各人有各人的做法，实际操作必不可少。在实际操作过程中，你在熟记计算规则的基础上，还要自己找规律。例如，在电气的工程量计算时，要按照系统图的每一个回路计算，每一个回路包括哪些东西，都要在计算书中写清楚，以便日后核对工程量。在计算给水排水的工程量时，按照工艺流程一个管段到前一个管段的计算，这样做为日后的核实工程量带来很大的方便。然后还要了解基价项目包括哪些内容。例如，

电缆安装工程基价内容主要有电缆沟挖填、铺砂盖砖或盖混凝土板，电缆敷设、电缆保护管敷设、电缆终端头制安和电缆桥架安装、组合式托臂、托架、立柱安装、电缆防火堵洞。那么你在编制工程量清单时，电缆安装应包括哪些内容呢？电力电缆、控制电缆包括：揭（盖）盖板，电缆敷设，电缆头制作、安装，过路保护管敷设，防火堵洞，电缆防护，电缆防火隔板，电缆防火涂料。编制清单时，要把上述内容考虑为一个综合单价来报。同样在管道安装工程编制工程量清单时，各清单项目应包括：①管道、管件及弯管的制作、安装；②管件安装；③套管（包括防水套管）制作、安装；④管道除锈、刷油、防腐；⑤管道绝热及保护层安装、除锈、刷油；⑥给水管道消毒、冲洗。要把上述6项编制为一个综合单价。

(3) 如何编制一个有竞争力的报价呢？那么你要有经验数据的积累，有些人做了很长时间的预算，但问其一些问题，却只能回答其所做工程的内容，这不利于工作。解决的办法很简单，那就是把以前做过的类似工程预算拿来进行对比分析，对做过的类似已完工程进行对比分析，对工程量可能发生变更增项的项目，单价可以适当高报，对于一些不可能发生变更的项目或大体积的项目可以适当降低报价，这样有利于中标。

(4) 在园林照明工程中，室外电缆的埋地敷设是必不可少的施工项目，那么在计算电缆的工程量时，要注意什么呢？电缆长度如何计算？电缆长度的计算：每条电缆由始端到终端视为一根电缆，将每根电缆的水平长度加垂直长度，再加上预留长度即为该电缆的全长。注意，若为室外直埋电缆，其长度还应乘以2.5%曲折弯余量。同时，还要计算出入建筑物或电杆引上及引下的备用长度。其计算方法可用公式表示为：

$$L = (l_1 + l_2 + l_3) \times (1 + 2.5\%) + l_4 + l_5$$

式中　　L——电缆总长(m 或 km)；

　　　　l_1——电缆水平长度(m)；

　　　　l_2——电缆垂直长度(m)；

　　　　l_3——电缆余留长度(m)；

　　　　l_4——进入建筑物长度(m)；

　　　　l_5——电杆引上及引下长度(m)；

(1+2.5%)——曲折弯余量系数。

(5) 在电缆施工中如何区分电缆终端头和电缆中间头的计算方法呢？电缆终端头和中间头都以"个"为计量单位。一根电缆根据电缆的回路按两个终端头计算，中间头设计要看图纸，按图计算，没有设计的，按实际发生计算，也可按平均250m一个中间头计算。

(6) 在计算电缆沟内铺砂盖砖以及相关的配电设施中应注意什么？电缆沟内铺砂盖砖工程量以沟长度按"m"计量，电缆沟内用钢筋混凝土保护板和标志桩的加工制作，基价不包括，可按建筑工程基价有关规定计量。在做室外配电柜箱的安装中，要注意基价中均不包括支架制作和基础型钢制作安装，所以铁构件制作安装单独列项，单独取费。

(7) 查阅图纸及招标前应注意什么？当你拿到一套施工图纸，准备做投标报价的时候，你不要急于拿图就算，首先要详细阅读招标文件，特别是对招标文件中投标范围的描述，一定要看清楚。有些招标单位的招标文件，写得很简单，还有的很模糊，这些都要记下来，在答疑的时候提出来。分析图纸也很重要，要把图纸的流程看懂，看看图纸有没有什么问题，如果有马上和招标单位沟通，以免做无用功。

(8) 要想做好工程量清单编制还要有一个重要的前提,就是做好结算造价分析。作为一名好的预算员,在做完某项工程之后,对自己所做的工程要做好造价分析。现在使用的造价软件,都能自动分析出所需要的材料、数量、单价、合价等数据。要把所有权重的材料单独分析出来,计算单方用量及单方成本并制作成表格形式。在以后的工作中,如遇到相同的工程,则可以根据此工程材料单价及目前市场单价很快计算出新工程的造价,这样做的准确率极高。对于类似工程,也可以根据其他造价分析计算出总造价。在实际工作中,多多积累这样的造价分析,在以后的工作中,不管是快速投标还是结算审核,都能做到准确与快速,能够做到快速估算工程造价是预算高水平的重要表现。

练习题

1. 通过学习和工程量的计算练习,充分掌握计算规则。
2. 在练习中了解如何注意计算中的常见的问题,并加以注意。

3.5 计算机预算软件的应用

计算机预算软件在全国各个省市都在普及应用,不论是使用什么预算软件基本的操作都是一样的,即项目建立、套基价、工程量输入、基价换算(或补充基价子目)、造价计算和打印输出。下面就以天津市使用的建设工程计价系统作一个简单的介绍。

3.5.1 软件安装和启动

系统的安装分为软件部分和硬件部分,即程序安装及软件"加密锁"的安装,安装顺序为先安装程序,再安装"加密锁"。

软件部分:程序安装介质为光盘。将光盘放进光驱后自动运行程序,用户可根据提示按步骤完成整个安装过程。

硬件部分:将"加密锁"插入主机的 USB 接口上,"加密锁"为即插即用型设备。第一次使用时,操作系统将会弹出"检测到新硬件"窗口,并自动完成"加密锁"驱动程序的安装,在以后的使用中系统会自动识别"加密锁"。

软件安装完毕后,即可启动并运行预算系统。启动时可采用屏幕直接启动或菜单启动。

3.5.2 软件窗口布局及一般性控件

进入系统打开文件后,即出现预算软件窗口,使用鼠标进行操作,将很容易控制窗口中的各种控件和菜单。

主菜单:位于系统窗口的最上一行,通过它可以完成某些功能操作。比如,文件、编辑、窗口、帮助等。

最大化、最小化:单击窗口右上角的两个按钮可以使窗口填满整个屏幕或使窗口变成屏幕底部的一个图标。

工具栏:由若干功能按钮组成,可用鼠标拖动至屏幕的任意位置。

标题栏:将鼠标指针放在标题栏上,按住鼠标左键并拖动鼠标,可以移动窗口的位置。

下拉列表框:在其上单击,将弹出下拉列表,从中可选择所需条目。

数据表:项目编辑区,可以对项目进行增、删、改、插等操作。

列表框：项目显示区，可以将显示区中指定的项目提取到数据表中，方法可以是拖拉或双击鼠标左键。

滚动条：如果窗口中显示的内容太长或太宽，超出了窗口的显示范围，就可以单击右边的上下箭头或者底部的左右箭头，即可查看超出窗口的内容，也可以单击滚动条实现此操作。

滚动块：拖动滚动块可以快速移动窗口中的内容，其功能等同于滚动条。

状态栏：位于系统主窗口的最下一行，用以显示文件信息、系统日期等栏目。

3.5.3 软件中涉及到的一些名词

(1) 工程项目：即我们所指的单项工程。它具有独立的设计文件，建成后可以独立发挥生产能力或效益。

(2) 专业工程：即我们平常所指的单位工程。它不能独立地发挥生产能力，但具备独立的施工条件。

(3) 分部分项工程量清单项目：按照国家标准《建设工程工程量清单计价规范》GB 50500—2008 的要求编制。项目编码共 12 位：1～9 位按各专业预算基价规定设置，编码规则为 2 位专业代码＋2 位章代码＋2 位节代码＋3 位目代码；10～12 位应根据拟建工程的工程量清单项目名称由编制人设置。

(4) 预算基价项目：编制施工图预算或进行工程量清单计价中的标底计价或是投标报价时使用的项目。

(5) 主要项目：在实行工程量清单计价时，能够唯一确定分部分项工程量清单项目的特征且必须发生的预算基价项目，其单位一般与分项工程量清单项目单位一致。

(6) 相关项目：在实行工程量清单计价时，分部分项工程量清单项目中使用的除主要项目以外的其他预算基价项目。这些项目可能发生也可能不发生，且单位不必与分部分项工程量清单项目一致。

(7) 补充项目：可以是分部分项工程量清单项目的补充，其编码规则为：如果《建设工程工程量清单计价规范》GB 50500—2008 中已存该项目，前 9 位编码应与其一致，并按《建设工程工程量清单计价规范》GB 50500—2008 的计算规则计算工程量；如果《建设工程工程量清单计价规范》GB 50500—2008 中无该项目，补充项目编码是前 6 位可与园林专业基价相应章节的编码相同，7～9 位为补充编码，自 801～999 之间选用，也可以是预算基价项目的补充，其编码规则为：字母"A"～"R"打头，后面可跟 1～7 位数字或字母。

(8) 系统宏变量：为了便于计算，"按系数计取的项目"、"施工措施项目"、"施工图预算计价汇总"软件提出了系统宏变量的概念，用户可直接使用。

3.5.4 操作步骤

(1) 创建项目

软件运行后，选择"文件"菜单中的"新建"菜单项，按照"项目信息编辑区"内的要求输入必要的信息，如项目名称、投标人、编制单位、编制日期等。"专业工程下拉菜单列表框"中选"园林景观工程"。点击"完成"∨键。最后点击"关闭"。

(2) 专业工程项目的建立

打开新建工程，在页面的右侧窗口的"类别"下拉列表中，选择"绿化工程"，这时"工程名称"文本框中，系统将自动给定与类别名相同的专业工程名称，可以在此基础上进行编辑与修改。点击"退出"完成专业工程名称的新建。

(3) 预算数据处理

① 打开"文件"开始套基价、输入工程量。

② 选择"技术措施"页输入措施基价。

③ 选择"其他措施"页输入其他措施内容。

④ 材料价差处理，点"工料汇总"页，软件自动汇总基价子目的工料机，在"操作向导"点击"采用材料信息"选择材料文件，软件即可显示所选市场的价格。

⑤ 取费表处理。点击"费用表"页，在"操作向导"点击"选用费用表"，选择所需取费文件，工程造价立即显示出来。

(4) 打印输出

预算完成后，点击"保存"，单击"打印输出"，即可根据需要打印各类表格。

3.5.5 预算软件相关的操作系统

(1) 系统维护模板

系统维护模板是系统提供的一个非常实用的功能。用户可以在其上建立及储存自定义项目及样品文件，任何工程项目进行工作时，都可以直接调用这些自定义项目及样本文件。系统模板包括：编制说明模板；补充项目模板；补充新料机模板；按系数计取的项目模板；施工措施项目模板；施工措施公式项目模板；工程量清单计价汇总模板；施工图预算计价汇总模板；计日工项目模板。

(2) 编制说明模板

在编制说明模板中可完成工程量清单编制说明、工程量清单计价编制说明、施工图预算编制说明的编辑。模板中的内容可在量单文件、标书文件、预算文件中，通过"读系统模板"功能直接调用，并在其基础上进行编辑。

(3) 补充项目模板

建设工程系统模板中，软件设计了补充项目模板，在此模板中用户可以自定义两种类型的补充项目，即：①补充量单项目；②补充单位估价表。

(4) 补充新料机模板

在补充新料机模板中，用户可以有两种方式进行新料机的补充：①通过"编辑"按钮；②在补充项目中，进行补充单位估价表的编辑时，可将用户自定义的新料机品种通过相关按钮，将其自动添加进补充新料机模板。

另外预算软件还设置了为便于操作的备份、解压、密码修改、新建与删除、另存为与还原、复制与重命名、拆分与合并、转换、连接、导出等功能。

练习题

1. 了解应用计算机做预算报价的过程。

2. 可以充分利用当地现行使用的预算软件，并与附录的工程相结合做工程量清单报价。

第4章 园林工程的招标与投标

4.1 园林工程的招标

4.1.1 招标投标概述

园林工程的招标与投标是市场经济条件下进行的工程建设的一种竞争形式和承包方式。它是招标人对工程建设、劳务承担等交易业务事先公布选择的条件和要求,招引其他人承接,然后由若干人作出愿意参加竞争的意思表示,招标人按照规定的程序和办法择优选定中标人的一种经济活动。

园林工程招标是指招标人将其拟发包的工程对外公布,招引或邀请多家单位参与承包工程的建设任务的竞争,以便择优选择承包单位。园林工程投标是指投标人愿意按照招标人规定的条件承包工程。编制投标书,提出承包工程造价、工期、施工方案和质量保证,并在规定的期限内向招标人投函,请求承包工程建设的活动。定标就是招标人从若干投标人中选出最符合条件的投标人作为中标单位,然后以书面的形式通知中标单位。

4.1.2 园林工程招标应具有的条件、方式、程序及相关内容

1) 园林工程招标应具有的条件

(1) 建设单位招标必须有与招标工程相适应的技术、经济、管理人员。

(2) 建设单位招标必须有编制招标文件和标底,审查投标人投标资格,组织开标、评标、定标的能力。

(3) 建设单位招标必须设立专门的招标组织,招标组织形式上可以是基建处、筹建处、指挥部等。

(4) 凡符合上述要求的,经招标投标管理机构审查合格后发给招标组织资质证书。招标人(单位)不符合上述要求、未持有招标组织资质证书的,不得自行组织招标,只能委托具有相应资质的招标代理机构代理组织招标。

2) 建设单位的施工准备条件

(1) 建设项目预算已经被批准。

(2) 建设项目已经正式列入国家部门或地方的年度国家投资计划。

(3) 建设用地的征用工作已经完成。

(4) 能够满足施工需要的施工图纸及技术资料。

(5) 有进行招标项目的建设资金或有确定的资金来源,主要材料、设备的来源已经落实。

(6) 经过工程项目所在地的规划部门批准,施工现场的"三通一平"已经完成或一并列入施工招标范围。

4.1.3 招标方式与评标

1) 公开招标

公开招标又称作无限竞争性招标,是指招标人以招标公告的方式邀请不特定的法人或其他组织投标。这种招标方式的优点是:业主可以在较广的范围内选择承包单位,投标竞争激烈,选优率高,有利于业主将工程项目的建设交予可靠的承包商实施,并获得有竞争性的商业报价,同时也可以在较大程度上避免招标活动中的贿标行为。其缺点是:准备招标、对投标申请单位进行资格预审和评标的工作量大,招标时间长、费用高,同时参加竞争的投标者越多,每个参加者中标的机会也越小,

损失的费用越多，而这种费用的损失必然要反映在标价上，最终由招标人承担。

2) 邀请招标

邀请招标也称为有限竞争招标，是指招标人以投标邀请书的形式邀请特定的法人或其他的组织投标。邀请招标的邀请对象数量以5~10家为宜，但不应少于3家，否则就失去了竞争的意义。其优点是不发招标广告，不进行资格预审，简化了投标程序，节省了招标费用，缩短了招标时间。其缺点是投标竞争的激烈程度较低，有可能提高中标的合同价，也有可能排除了某些在技术上或报价上有竞争力的承包商参与投标。

3) 招标程序

园林工程招标一般程序可以分成三个阶段：一是招标的准备阶段；二是招标阶段；三是决标阶段。我国现行的一般招标程序是按照下列程序进行的：

(1) 由建设单位组织一个符合要求的招标班子。
(2) 向招标投标办事机构提出招标申请书。
(3) 编制招标文件和标底，并报招标投标办事机构审定。
(4) 发布招标公告或发出招标邀请书。
(5) 投标单位申请投标。
(6) 对投标单位进行资质审查，并将审查结果通知各申请投标者。
(7) 向合格的投标单位分发招标文件及设计图样、技术资料等。
(8) 组织投标单位考察现场，并对招标文件答疑。
(9) 建立评标组织，制定评标办法。
(10) 召开开标会议，审定投标书。
(11) 组织评标，决定中标单位。
(12) 发出中标通知书。
(13) 建设单位与中标单位签订承发包合同。

4) 标底的类型

(1) 按发包工程总造价包干的标底。
(2) 按发包工程的工程量单位造价包干的标底。
(3) 按发包工程扩初设计总概算包干的标底。
(4) 按发包工程施工图预算包干、包部分材料的标底。
(5) 按发包工程施工图预算加系数包干的标底。
(6) 按发包工程每平方米造价包干的标底。

5) 标底文件的组成

园林建设工程招标标底文件是对一系列反映招标人对招标工程交易预期控制要求的文字说明、数据、指标、图表的统称，是有关标底的定性要求和定量要求的各种书面表达形式。其核心内容是一系列数据指标。由于工程交易最终主要是用价格或酬金来体现的，所以实践中建设工程招标标底文件主要是指有关标底价格的文件。一般来说，建设工程招标标底文件主要由标底报审表和标底正文两部分组成。标底报审表通常包括：招标工程说明书(包括招标工程的名称、范围、施工要求、工期、计划开工时间、苗木要求、选苗要求、种植要求、甲控甲供材料等)；标底价格(可分为招标工程的总造价、种植工程造价、园林小品工程造价、给水及浇灌水系工程造价、电气工程造价等)；招标工程中的各项费用的说明。

6) 标底正文

标底正文是详细反映招标人对工程价格、工期等预期控制数据和具体要求的部分。一般包括：

(1) 总则：主要是说明标底编制单位的名称、持有的标底编制资质等级证书，标底编制的人员及其执业资格证书。标底具备条件，编制标底的原则和方法，标底的审定机构。对标底的封存、保密要求等。

(2) 标底诸要求及其编制说明。主要说明招标人在方案、质量、期限、价金、方法、措施等方面的综合性与其控制指标，并要阐释其依据、包括和不包括的内容、各有关费用的计算方式等。

(3) 标底价格计算用表。一般园林工程所用表格采用的多为综合单价的标底计算的方法。

(4) 施工方案及现场条件。这部分主要说明施工的方法及给定的条件、现场情况以及临时设施布局、给水及电源接点等。

7) 开标、评标、决标

(1) 开标由招标人主持，邀请所有的投标人和评标委员会的全体人员参加，招投标管理机构负责监督，大中型项目也可以请公证机关进行公证。招标地点通常为工程所在地的建设工程交易中心。开标时间和地点应在招标文件中明确规定。开标要经过的程序是检验各标书的密封情况、唱标、开标过程记录、宣布无效的投标文件等。

(2) 评标

① 评标机构

A. 评标。评标委员会由招标人代表和技术、经济等方面的专家组成。成员数为五人以上的单数，其中招标人或招标代理机构以外的技术、经济等方面的专家不得少于成员总数的 2/3。

B. 专家成员名单应从专家库中随机抽取确定。

C. 与投标人有利害关系的专家不得进入相关工程的评标委员会。

D. 评标委员会的名单一般在开标前确定，定标前应保密。

② 评标活动应遵循的原则

A. 评标活动应当遵循公平、公正的原则。

B. 评标活动应当遵循科学、合理的原则。

C. 评标活动应当遵循竞争、择优的原则。

③ 评标的准备工作

A. 认真研究招标文件。通过认真研究，熟悉招标文件中的以下内容：

a. 招标的目标；

b. 招标项目的范围和性质；

c. 招标文件中规定的主要技术要求、标准和商务条款；

d. 招标文件规定的评标标准、评标方法和在评标过程中考虑的相关因素。

B. 招标人向评标委员会提供的评标所需的重要信息和数据。

(3) 决标

决标又称为定标，即在评标完成后确定中标人，是业主对满意的合同要约人作出承诺的法律行为。招标人应当在投标有效期内定标。定标时，应当由业主行使决策权。定标的方式有：业主自己确定中标人，或是业主委托评标委员会确定中标人。定标的原则是中标人的投标能够最大限度地满足招标文件规定的各综合评价标准。中标人的投标能够满足招标文件的实质性要求，并且经评审的投标价格最低，但是低于成本的投标价格除外。定标一般优先确定排名第一的中标候选人为中标人，并及时提交招标情况书面报告及发出中标通知书，最后退回招标文件的押金。

4.2 园林工程的投标

4.2.1 投标的准备工作

进入承包市场进行投标，必须做好一系列的准备工作。准备工作一般包括接受资格预审、投标经营准备、报价准备3个方面。

1) 接受资格预审

资格预审是投标工作不可缺少的一项工作。为了顺利通过资格预审，投标人应在平时就将一般资格预审的有关资料准备齐全以备用。在填表时应注意重点突出，既要针对所投工程进行重点填写，还要特别体现公司自身的优势和经验、施工水平、施工组织能力和已经完成并得到好评的工程。并做好递交资格预审表后的跟踪工作，以便及时地发现问题、补充资料。

2) 投标经营准备

在企业准备要参与某项工程投标后，最重要的工作就是组成一个干练的投标班子，参与投标的人员要进行认真的挑选。在挑选投标班子人员时应注意挑选熟悉招标文件，对投标、合同谈判有丰富经验，对相关法律法规有一定了解，工作经验丰富，最好是选择对现场管理有一定实践经验和对植物、绿化、施工比较熟知的人员和有经验的工程造价人员参加。

3) 报价准备

(1) 熟悉招标文件

承包商在决定投标并通过资格预审获得投标资格后，要购买招标文件并研究和熟悉招标文件的内容，在此阶段应特别注意对标价计算可能产生重大影响的问题，包括：

① 有关合同条件方面。诸如工期、延期罚款、付款时段、提前完工奖励、争议、仲裁等问题。

② 材料、植物和施工技术方面的要求，尤其要注意种植季节对苗木生长的影响。

③ 工程范围和报价要求，注意甲控材和甲供材。

④ 熟悉施工图纸和设计说明，为投标报价做好准备。注意审查图纸的全部内容，对图纸和招标文件没有说清楚的和图纸标注不清的应及时与业主澄清。

⑤ 了解现场情况，注意给水、供电线路走向以及土壤情况。

(2) 计算或校核好工程量，编制好施工方案

对于给了施工图纸要计算工程量的，要及时安排有关预算人员熟悉图纸和相关的招标文件，并及时准确地计算好工程量；对于已经给出了工程量清单的，投标者要进行仔细的校对核对。对于发现相差较大的问题，投标者应及时地与业主联系澄清，尤其对于总价合同更是要特别注意。在做好该项工作的同时编制好施工方案。就施工方案而言，它是一个工程项目良好完成的关键，所以要精心制定好施工方法、机械设备的调置、植物材料的进场和栽植、临时设施的配备以及开工竣工的时间安排等等。努力做到节省开支、加快速度、保质保量、安全施工、确保工期。

4.2.2 投标书的编制与报送

1) 投标书的编制

投标人应该按照招标文件的要求编制投标文件。所编制的投标文件应当对招标文件提及的实质

性要求和条件给予回应。根据一般的投标规范，一个投标书分为商务标和技术标。

① 商务标

商务标一般应包括：

A. 投标总价及工程项目总价表。

B. 单项工程费用汇总表。

C. 单位工程费用汇总表。

D. 分部分项工程量清单计价表。

E. 措施项目清单表。

F. 其他项目清单表。

G. 零星工程项目计价表。

② 技术标

技术标通常由施工组织设计、项目管理班子配备情况、项目拟分包情况、替代方案等组成。施工组织设计一般的内容有：主要施工方法、施工进度网络图、施工机械配备计划、劳动力安排、确保安全生产的技术组织措施、施工总平面图、临时用地图等。

2) 投标书的包装和报送

投标方应该注意标书的包装，标书的封面尽量做得精致一些。投标方应准备1份正本和3～5份副本，封口处加贴封条，封条处加盖法定代表人或授权代理人的印章和公章，并在封面上注明"正本"和"副本"字样，然后放到投标文件袋中，再密封投标文件袋。

投标人应在招标文件前规定的日期内将投标文件递交给招标人。投标人可以在递交投标文件后，在规定的投标截止日期之前，采用书面形式向招标人递交补充、修改或是撤回通知。投标人递交投标文件不宜过早，一般是在招标文件规定截止日期的前一两天内密封后交到指定的地点。

练习题

1. 园林工程招标应具有的条件、方式、程序及相关内容是什么？
2. 招标方式有哪几种？招标程序是什么？
3. 标底文件由哪些部分组成？
4. 投标的准备工作内容是什么？投标书的编制内容包括哪些？

第5章 园林工程竣工结算与决算

5.1 园林工程竣工结算

5.1.1 园林工程竣工结算的作用及依据

一个单位工程或一个园林建设工程完工,并经建设单位及有关部门验收合格后,办理工程竣工结算。

竣工结算意味着承包双方经济关系的最后结束,因此承发包双方的财务往来必须结清,它是一项政策性较强、反映技术经济综合能力的工作。办理竣工结算的主要作用是:

(1) 竣工结算是确定工程最终造价,并完结建设单位的合同关系和经济责任的依据。

(2) 竣工结算为施工企业确定工程的最终收入,以及进行经济核算和为考核工程成本提供依据。

(3) 竣工结算反映了园林建设工作量和工程实物量的实际完成情况,从而为建设单位编制竣工决算提供资料。

工程竣工结算编制时应收集的依据:

① 工程竣工报告及工程竣工验收单;
② 工程施工合同或施工协议书;
③ 施工图预算或成交价格及增减预算书;
④ 设计变更通知单及现场施工变更记录;
⑤ 地区现行的预算基价,基本建设材料预算价格,费用标准及有关规定;
⑥ 其他有关资料。

5.1.2 园林工程竣工结算的编制方法

工程竣工结算书的编制基础随承包方式不同而有差异,一般有以下几种:

1) 决标或议标后的合同价加签证结算的方式

(1) 合同价。经过建设单位、园林施工单位、招投标主管部门对标底和投标报价进行综合评定后确定的中标价,以合同的形式固定下来。

(2) 设计变更和现场签证的增减。对合同中未包括的项目或是设计变更,或是出现了一些不可遇见的情况,在现场施工过程中由于工程变更增减的费用,经建设单位或监理工程师签证后与原中标价一起结算。

2) 施工图预算加签证结算的方式

(1) 施工图预算。这种结算方式适用于中小型园林工程,一般是以经建设单位审定后的施工图预算作为工程结算的依据。

(2) 因变更而发生的增减。凡施工图预算未包括的,在施工过程中变更所增减的费用,各种材料预算价格与实际价格的差价等,经建设单位或监理工程师签证后与审定的施工图预算一起在竣工结算中进行调整。

3) 预算加包干方式

这种方式是施工图预算加预算外系数包干的方式。在签订合同时要明确预算外包干的系数、包干的内容及范围。包干费用通常不包括因下列原因而增加的费用:

(1) 在原施工图外增加的建设面积。

(2) 工程结构设计变更、标准提高,非施工原因的工艺流程的改变等。

(3) 隐蔽性工程的基础加固处理。
(4) 非人为因素所造成的损失。

4) 每平方米造价包干的结算方式

它是双方根据一定的工程资料，事先协商好的每平方米造价指标，乘以建设面积计算工程造价进行结算的方式，一般适用于广场铺装、草坪铺设等。

5.2 园林工程竣工决算

工程竣工决算分为施工单位竣工决算和建设单位竣工决算两种。

施工单位竣工决算，它是以单位工程为对象，以单位工程竣工结算为依据，核算一个单位工程的预算成本、实际成本和成本降低额的，所以又称为工程竣工成本决算。它是由施工企业的财会部门进行编制的。通过决算施工企业内部进行实际成本分析，反映经营效果，总结经验教训，以利提高企业经营管理水平。

建设单位竣工决算是在新建、改建、扩建工程建设项目竣工验收点交后，由建设单位组织有关部门，以竣工决算等资料为基础编制的。一般是建设单位财务支出情况，是整个建设项目从筹建到全部工程竣工的建设费用的文件，它包括园林建设的费用、安装工程的费用、其他的费用等。

园林建设工程竣工决算的主要作用是：用以核定新增固定资产价值，办理交付使用，考核建设成本，分析投资效果，总结经验，积累资料，促进深化改革，提高投资效果。

园林工程竣工决算的内容一般分文字和报表两部分，即竣工工程概况、竣工财务决算表、交付使用财产总表、交付使用财产明细表以及必要的文字说明等。

练习题

1. 园林工程竣工结算的作用及依据是什么？
2. 园林工程竣工结算的编制方法是什么？

附录1 园林绿化工程——某小区绿化工程工程量清单编制实例

一、某小区绿化工程施工图（附图1-1~附图1-10）

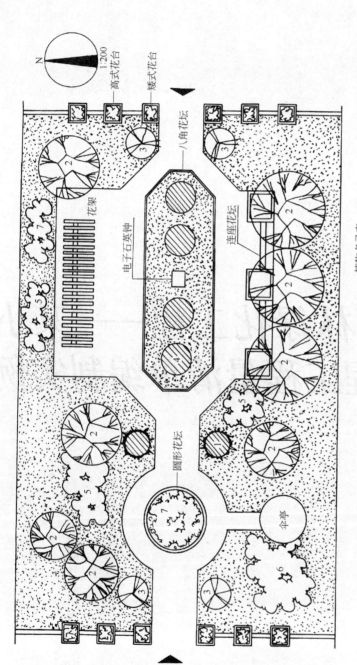

附图1-1 平面图

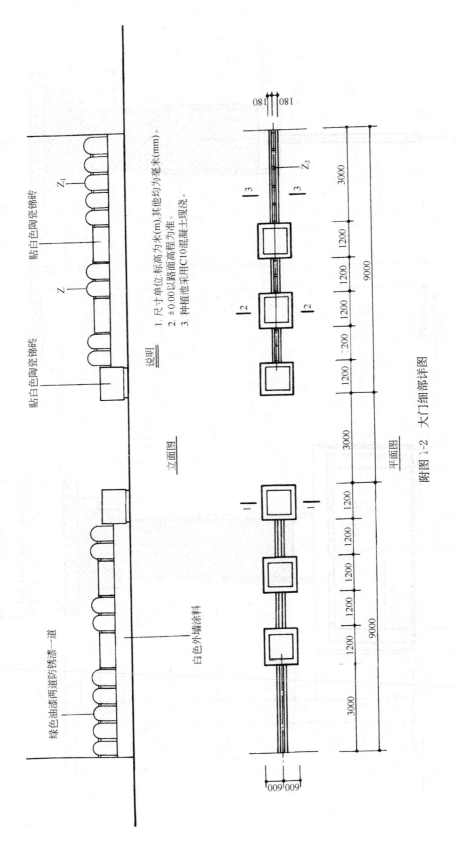

附图 1-2 大门细部详图

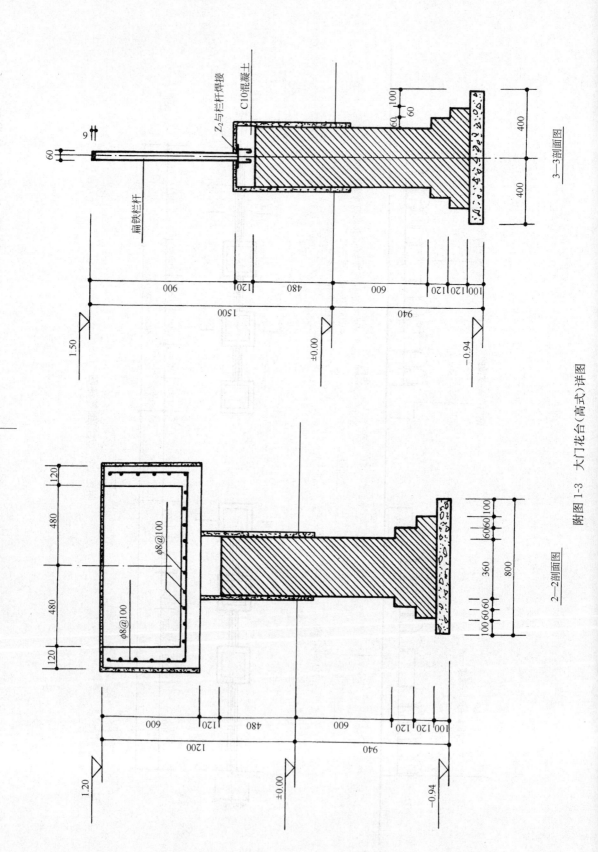

附图 1-3 大门花台（高式）详图

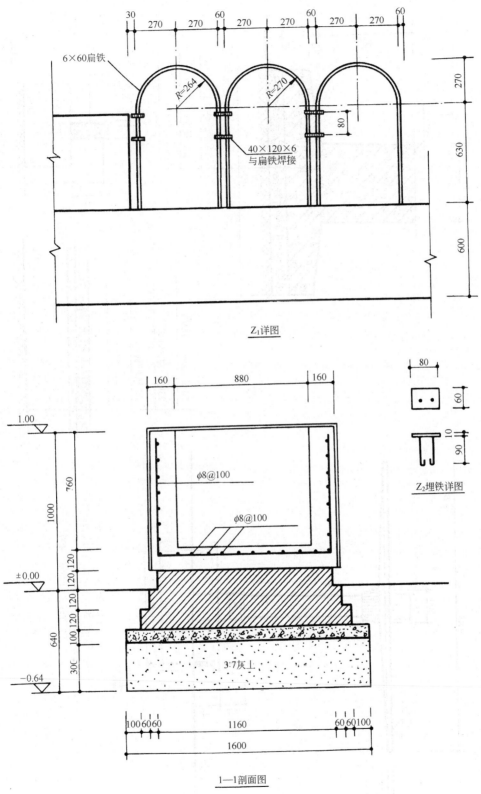

附图 1-4 大门花台(矮式)详图

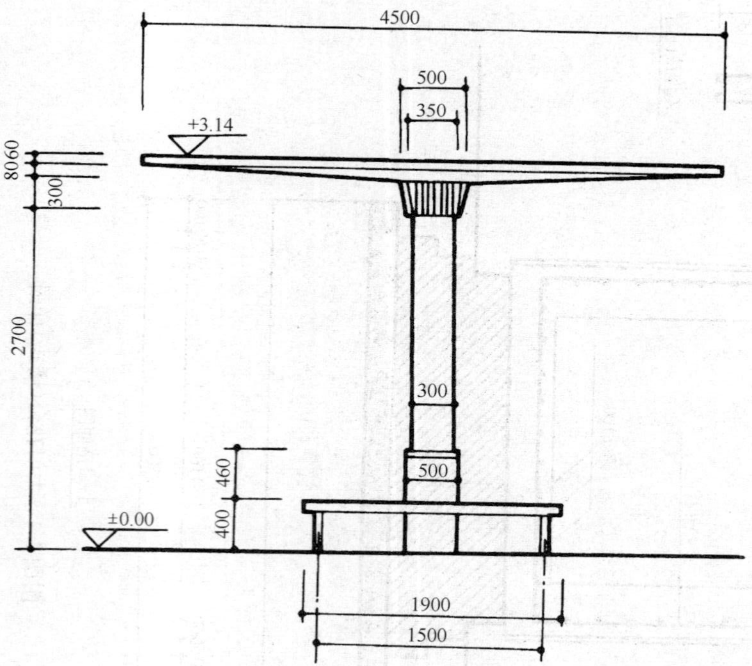

说明
1. 本亭为圆式板亭。
2. 该亭均为C20混凝土，外刷白色涂料。
3. 坐凳高为400，厚80。
4. 坐凳为圆环式，坐凳面宽400。

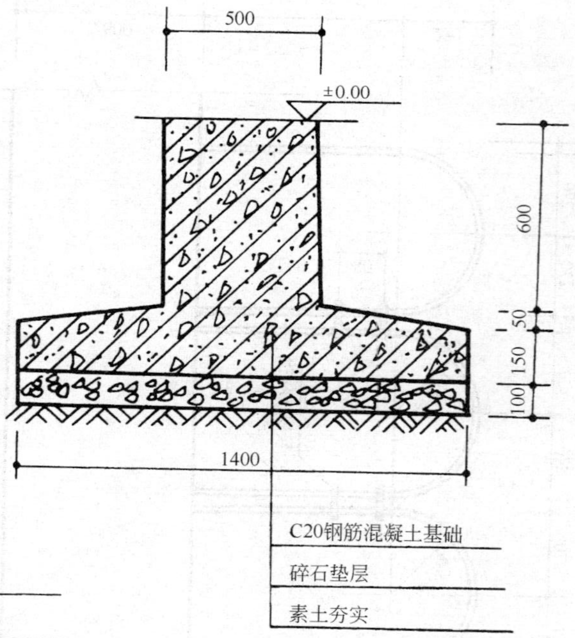

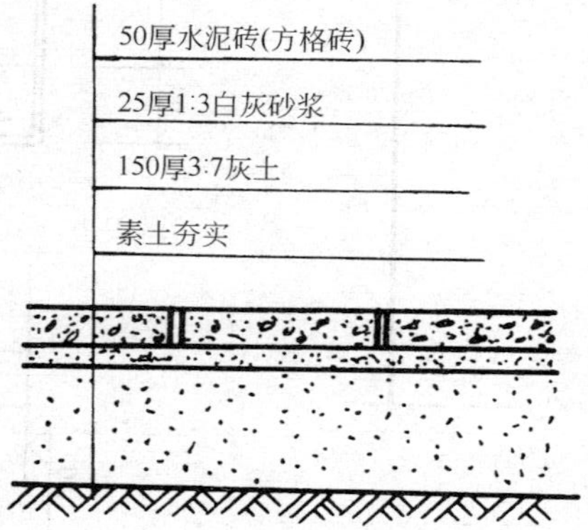

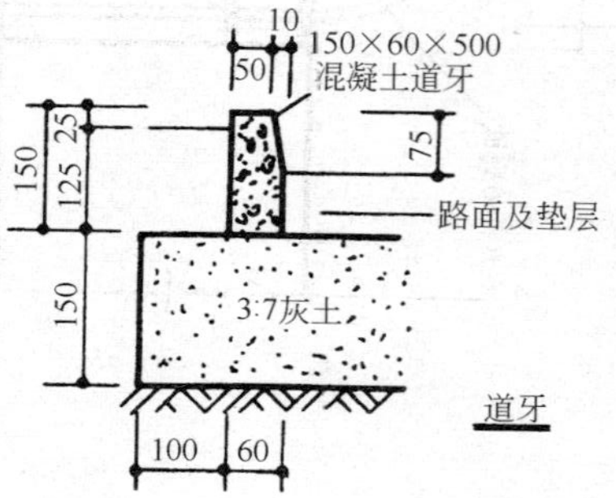

附图1-5 伞亭详图

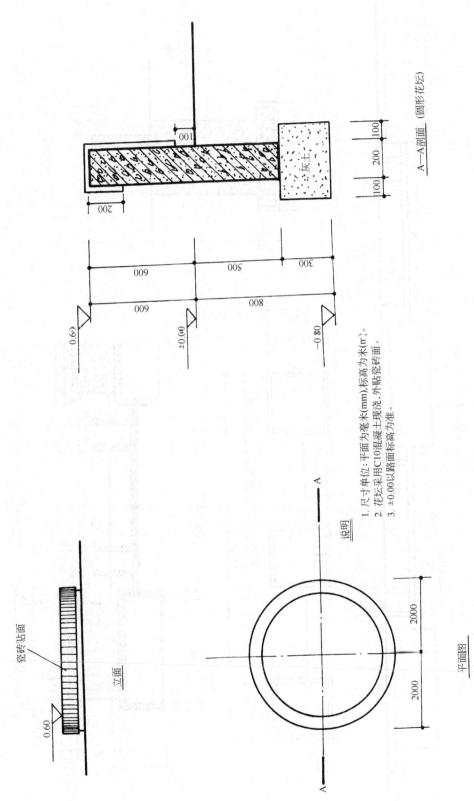

附图 1-6　圆形花坛详图

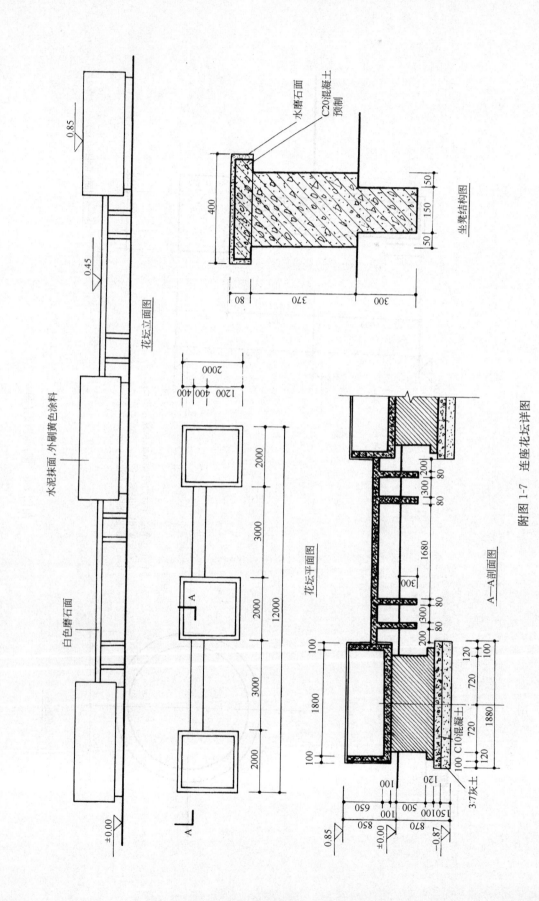

附图1-7 连座花坛详图

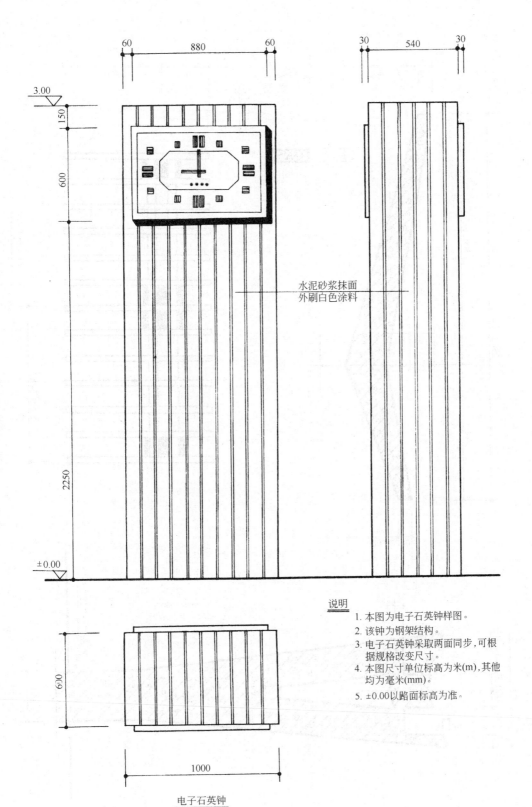

电子石英钟

附图 1-8 石英钟细部图

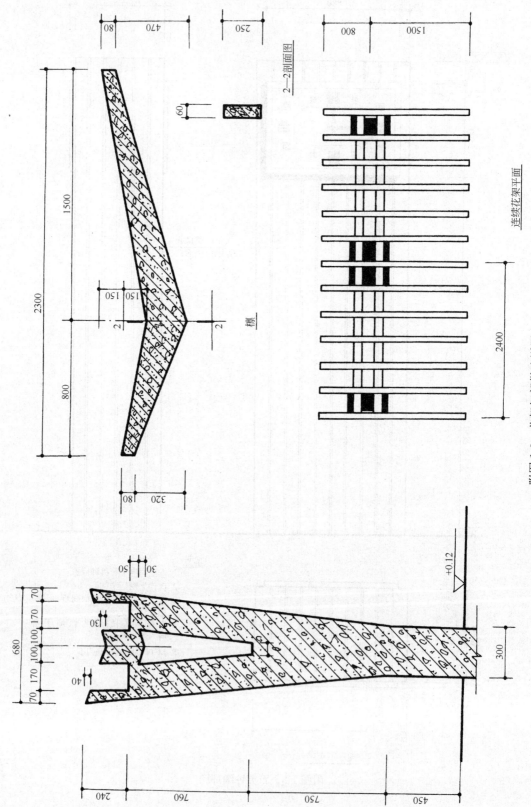

附图 1-9 花架细部做法详图

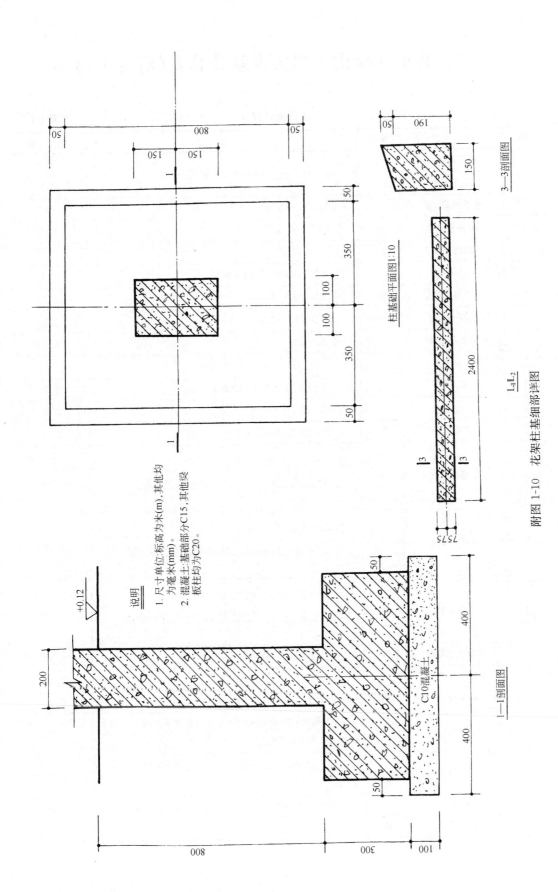

附图1-10 花架柱基细部详图

二、某小区绿化工程工程量计算表(附表1-1)

工程量计算表   附表1-1

序号	项目		单位	计算式	数量
一	电子石英钟				
1	混凝土柱		m³	3×1×0.6	1.8
2	水泥砂浆抹面		m²	3.2×3+1×0.6	10.2
3	刷白色涂料		m²	3.2×3+1×0.6	10.2
二	圆形花坛				
1	挖地槽		m³	11.932×0.4×0.8×(系数)	3.82
2	灰土基础垫层		m³	11.932×0.4×0.3	1.43
3	混凝土池壁		m³	11.932×1.1×0.2	2.63
4	池面贴瓷砖		m²	12.56×0.8	10.05
三	伞亭				
1	挖地坑		m³	3.14×(0.7)²×0.9×(系数)	1.38
2	素土夯实		m³	3.14×(0.7)²×0.15	0.23
3	碎石垫层		m³	3.14×(0.7)²×0.1	0.154
4	混凝土基础		m³	$3.14\times(0.7)^2\times0.15 + \dfrac{3.14\times0.05\times[(0.7)^2+(0.25)^2+0.7\times0.25]}{3}$	0.269
5	混凝土伞板		m³	$3.14\times(2.25)^2\times0.06 + \dfrac{3.14\times0.08\times[(0.25)^2+(2.25)^2+0.25\times2.25]}{3}$	2.383
6	混凝土柱		m³	$3.14\times(0.25)^2\times0.86+3.14\times(0.15)^2\times1.84 + \left(\dfrac{3.14\times0.3\times(0.175)^2+(0.25)^2+0.175\times0.25}{3}\right)$	0.342
7	混凝土坐凳板		m³	3.14×(0.77)²×0.08	0.149
8	混凝土坐凳腿		m³	2×3.14×0.75×0.4×0.08	0.151
9	亭架抹灰		m²		29.438
		柱		2×3.14×0.25×0.86+2×3.14×0.15×1.84+3.14×0.3×(0.25+0.175)	3.48
		顶板		3.14×(2.25)²+2×3.14×2.25×0.06+3.14×0.08×(2.25+0.25)	17.376
		坐凳		3.14×(0.77)²+2×3.14×0.77+2×3.14×0.75×0.4	8.582
10	喷刷涂料		m²		29.438

续表

序号	项 目	单位	计 算 式	数 量
四	花台			
1	挖土方	m³	1.6×1.6×0.64×4(系数)	6.55
2	3:7灰土基础	m³	1.6×1.6×0.3×4	3.072
3	混凝土基础	m³	1.6×1.6×0.1×4	1.024
4	砌花台	m³	1.4×1.4×0.115×4+1.28×1.28×0.115×4+1.16×1.16×0.115×4	2.274
5	混凝土花池	m³	[1.2×1.2×0.12+(1.2+0.88)×2×0.16×0.76]×4	2.715
6	池面贴陶瓷锦砖	m²	(1.2+0.88)×0.16+1.2×4×0.88	4.557
五	花墙花台			
1	人工挖槽	m³	7.8×2×0.8×0.94×(系数)	11.73
2	混凝土基础	m³	15.6×0.8×0.1	1.248
3	砌花墙	m³	15.6×0.6×0.12+15.6×0.49×0.12+15.6×0.365×1.08	8.19
4	贴陶瓷锦砖	m²		10.814
	花墙		1.5×0.6×2+15.6×0.36	7.416
	花台		1.2×4×0.6+(1.2+0.96)×0.12×2	3.398
5	混凝土花台	m³	[0.36×0.36×0.12+1.2×1.2×0.12+(1.12+0.96)×2×0.48×0.12]×8	3.504
6	铁花饰 (−60×6⇒2.83 kg/m)	kg	$\left[\left(\dfrac{2\times3.14\times0.27}{2}+0.63\times2\right)\times18+0.04\times0.12\times36\right]\times2.83$	107.97
六	连座花坛			
1	挖土方	m³	1.88×1.88×0.87×3×(系数)	9.22
2	3:7灰土垫层	m³	1.88×1.88×0.15×3	1.59
3	C10混凝土基础	m³	1.88×1.88×0.1×3	1.06
4	砌墙	m³	(1.78×1.78×0.115+1.44×1.44×0.6)×3	4.872
5	混凝土花池	m³	[2×2×0.1+(2+1.8)×2×0.1×0.65]×3	2.682
6	抹涂料	m²		13.01
7	坐凳挖槽	m³	0.15×0.3×0.08×8(系数)	0.03
8	混凝土坐凳	m³	(0.15×0.3×0.08+0.37×0.25×0.08)×8+0.4×0.08×6	0.283
9	抹水磨石面	m²	(0.4+0.16)×6	3.36

续表

序号	项 目	单位	计 算 式	数 量
七	园路			
1	素土夯实	m³	176.54(m²)×0.15	26.48
2	3∶7灰垫层	m³	176.54×0.15	26.48
3	1∶3白灰砂浆	m²	176.54	176.54
4	水泥方格砖	m²	176.54	176.54
5	挖土方	m³	176.54×0.35×(系数)	61.79
6	路牙素土夯实	m³	91.2×0.16×0.15	2.19
7	路牙3∶7灰土	m³	91.2×0.16×0.15	2.19
8	路牙混凝土侧石	m³	91.2×0.15×0.06	0.82
9	路牙侧石安装	m	91.2	91.2
八	花架			
1	挖地坑	m³	0.8×0.9×1.2×(系数)×6	5.184
2	C10混凝土垫层	m³	0.8×0.9×0.1×6	0.432
3	混凝土柱基	m³	(0.7×0.8×0.3+0.2×0.3×0.8)×6	1.296
4	混凝土柱基	m³	$\frac{(0.3+0.68)\times 2.2}{2}\times 0.2\times 6 - \frac{(0.2+0.1)\times 0.76}{2}\times 0.2\times 6$	1.157
5	混凝土梁	m³	2.4×3×0.15×0.24×2	0.518
6	混凝土檩架	m³	$\left[(0.89+1.52)\times 0.06\times \frac{0.32+0.08}{2}\right]\times 17$	0.493
7	水泥砂浆抹面	m²	[(0.89+1.52)×(0.32×2+0.06×2)]×17+0.68×4×2.2×6	67.04
8	檩架喷涂料	m²		67.04
九	八角形花坛			
1	挖地槽	m³	33.2×0.8×0.4×系数	10.62
2	灰土基础垫层	m³	33.2×0.3×0.4	3.98
3	混凝土池壁	m³	33.2×1.1×0.2	7.3
4	池面贴大理石	m²	33.2×0.7	23.24
十	植物			
1	桧柏	棵		2
2	垂柳	棵		7
3	龙爪槐	棵		4
4	大叶黄杨	棵		4
5	金银木	棵		90
6	珍珠梅	棵		60
7	月季	棵		120

三、某小区绿化工程工程量计价表(附表1-2)

某小区绿化工程工程量计价表   附表1-2

序号	基价编号	项目名称	单位	数量	综合单价	合价
一		电子石英钟				
1	050303001	混凝土柱	m³	1.80	850.00	1530
2	053602001	水泥砂浆抹柱面	m²	10.20	14.87	152
3	053704001	柱面刷白色涂料	m²	10.20	14.80	151
		小计				1833
二		圆形花坛				
1	053101002	人工挖地槽	m³	3.82	15.22	58
2	E.35.A	3:7灰土垫层	m³	1.43	112.99	162
3	053306001	混凝土池	m³	2.63	860.00	2262
4	053606001	池面贴瓷砖	m²	10.05	275.00	2764
		小计				5246
三		伞亭				
1	053101002	人工挖土坑	m³	1.38	16.52	23
2	E.35.A	素土夯实	m³	0.23	65.00	15
3	E.35.A	碎石垫层	m³	0.15	110.07	17
4	053301002	混凝土基础	m³	0.27	550.00	148
5	053305003	混凝土伞板	m³	2.38	1260.00	2999
6	050303001	混凝土柱	m³	0.34	1080.00	367
7	050304004	混凝土坐凳板	m³	0.14	890.00	125
8	050304004	混凝土坐凳腿	m³	0.15	890.00	134
9	053603001	亭架抹水泥砂浆面	m²	29.44	22.72	669
10	053704001	亭架刷涂料	m²	29.44	14.80	436
		小计				4933
四		花台				
1	053101002	人工挖土方	m³	6.55	11.34	74
2	E.35.A	3:7灰土垫层	m³	3.07	112.99	347
3	053301002	混凝土基础	m³	1.02	410.00	420
4	053202004	砌花台	m³	2.27	265.93	604
5	053306001	混凝土花池	m³	2.72	860.00	2339
6	053607003	池面贴陶瓷锦砖	m²	4.56	83.96	383
		小计				4167
五		花墙花台				
1	053101002	人工挖地槽	m³	11.73	15.22	179

续表

序号	基价编号	项 目 名 称	单位	数量	综合单价	合价
2	053301002	混凝土基础	m³	5.25	550.00	2888
3	053202002	砌花墙	m³	8.19	225.90	1850
4	053607003	墙面贴陶瓷锦砖	m²	10.814	60.87	658
5	053306001	混凝土花台	m³	3.50	860.00	3010
6	053505001	花饰栏杆	t	0.11	3185.98	350
		小计				8935
六		连座花坛				
1	053101002	人工挖土方	m³	9.22	11.34	105
2	E.35.A	3:7灰土垫层	m³	1.59	112.99	180
3	E.35.A	混凝土垫层	m³	1.06	230.00	244
4	053202001	砌墙	m³	4.87	225.90	1101
5	053306001	混凝土花池	m³	2.68	860.00	2305
6	053603001	水泥砂浆抹池面	m²	13.01	19.55	254
7	053704001	池面喷涂料	m²	13.01	14.80	193
8	053101002	坐凳挖槽	m³	0.03	15.22	0.46
9	053306001	混凝土坐凳	m³	0.28	890.00	249
10	053603002	坐凳水磨石面	m²	3.36	83.64	281
		小计				4912
七		园路				
1	E.2.A	整理路床	m²	176.54	1.50	265
2	E.35.A	3:7灰土垫层	m³	26.48	112.99	2992
3	E.2.A	砂垫层	m³	35.31	113.08	3993
4	050201001	水泥方格砖	m²	176.54	29.39	5189
5	050201002	侧石	m	91.20	24.68	2251
		小计				14690
八		花架				
1	053101002	人工挖地坑	m³	0.75	16.52	12
2	E.35.A	混凝土垫层	m³	0.43	230.00	99
3	050303001	混凝土柱	m³	2.45	1080.00	2646
4	050303001	混凝土梁	m³	0.52	920.00	478
5	050303001	混凝土檩条	m³	0.49	1120.00	549
6	053603001	水泥砂浆抹面	m²	67.04	22.72	1523
7	053704001	檩架刷涂料	m²	67.04	14.80	992
		小计				6299
九		八角花坛				
1	053101002	人工挖地槽	m³	10.62	15.22	162

续表

序号	基价编号	项目名称	单位	数量	综合单价	合价
2	E.35.A	3:7灰土垫层	m³	3.98	112.99	450
3	050306302	混凝土池	m³	7.30	860.00	6278
4	053607001	池面贴大理石	m²	23.24	275.00	6391
		小计				13281
十		绿化				
1		桧柏(常绿 H=3～3.5m)	株	2	450.00	900
2		垂柳(落叶乔木 φ=6～7m)	株	7	85.00	595
3		龙爪槐(观赏乔木 φ=6～7m)	株	4	180.00	720
4		大叶黄杨球(冠 0.8～1m)	株	4	110.00	440
5		金银木(冠 0.8～1m)	株	90	40.00	3600
6		珍珠梅(冠 0.8～1m)	株	60	42.00	2520
7		月季	株	120	4.00	480
8		高羊茅	m²	466.00	9.00	4194
9	050102001	栽植常绿树	株	2	37.69	75
10	050102001	栽植常绿树	株	4	6.94	28
11	050102001	栽植落叶乔木	株	11	7.28	80
12	050102004	栽植花灌木	株	150	2.70	405
13	050102302	栽植花卉	m²	15.00	5.07	76
14	050102010	栽植草皮	m²	466.00	8.44	3933
15	E.1.H	常绿树养管	株	2	34.39	69
16	E.1.H	常绿树养管	株	4	6.41	26
17	E.1.H	落叶乔木养管	株	11	25.71	283
18	E.1.H	花灌木养管	株	150	6.67	1001
19	E.1.H	花卉养管	m²	15.00	8.41	126
20	E.1.H	草皮养管	m²	466.00	8.71	4059
21	E.1.G	常绿树防寒	株	6	49.41	296
22	E.1.G	落叶乔木防寒	株	11	3.59	39
23	E.1.G	灌木防寒	株	150	1.68	252
24	E.1.G	花卉防寒	m²	15.00	4.67	70
25	E.1.B	人工挖树坑	m³	6.03	14.43	87
26	E.1.B	人工挖花卉、草皮、土方	m³	184.94	9.35	1729
27	E.1.E	树坑换种植土	m³	6.03	62.22	375
28	E.1.E	花卉、草皮换种植土	m³	184.94	50.42	9325
		小计				35783
		总计				100079

附录1/园林绿化工程量清单编制实例 某小区绿化工程

附录2 园林建筑小品——某别墅工程工程量清单编制实例

一、某别墅施工图(附图 2-1～附图 2-8)

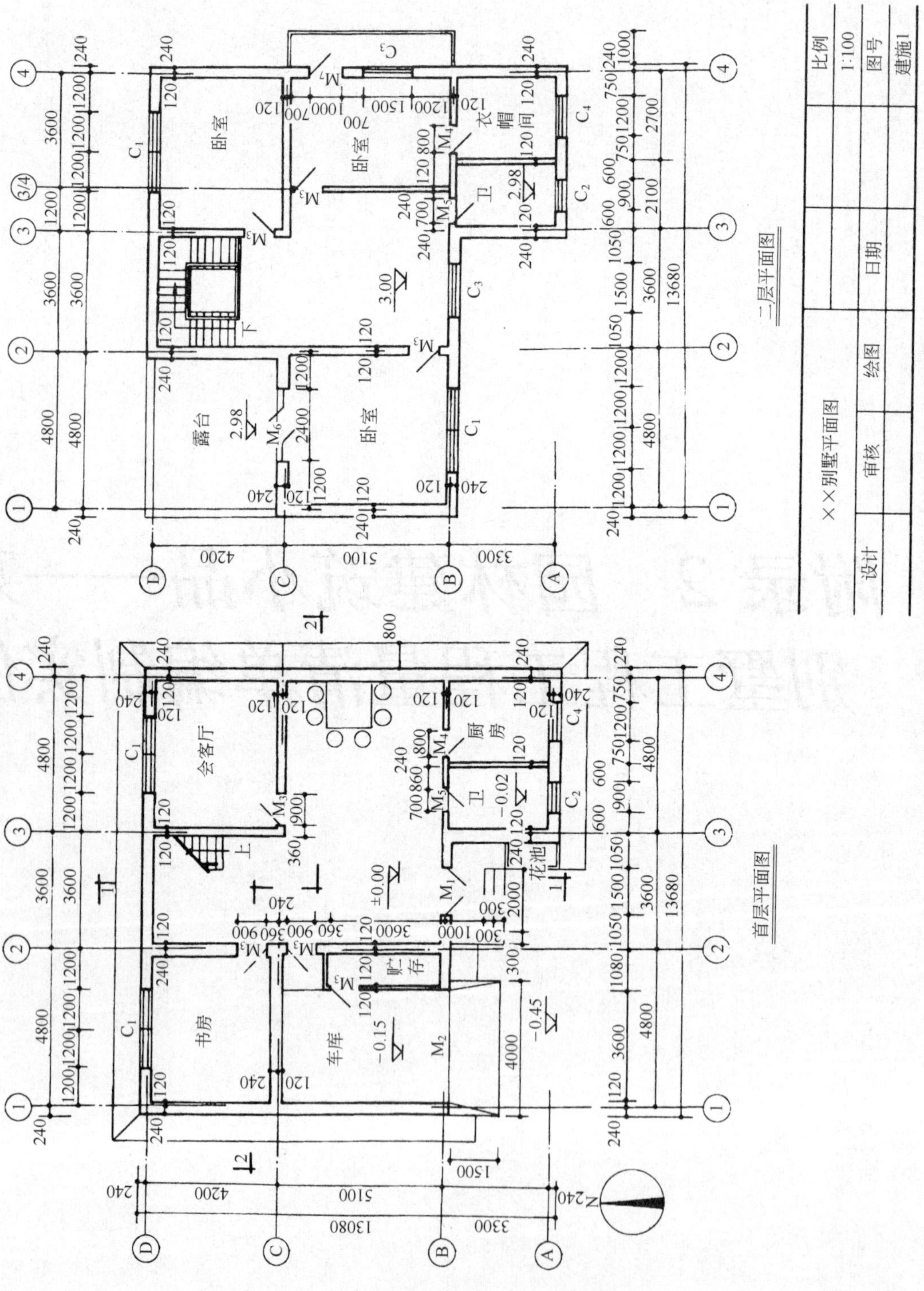

附图 2-1 建筑施工图 1

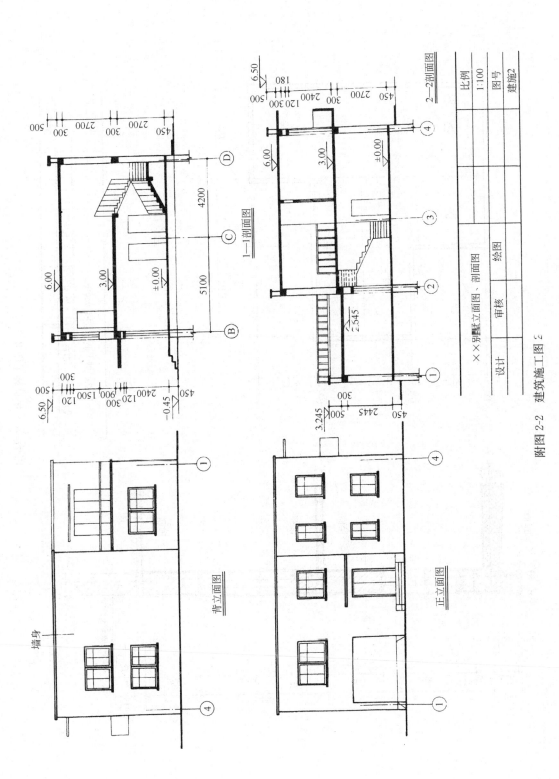

附图 2-2 建筑施工图 2

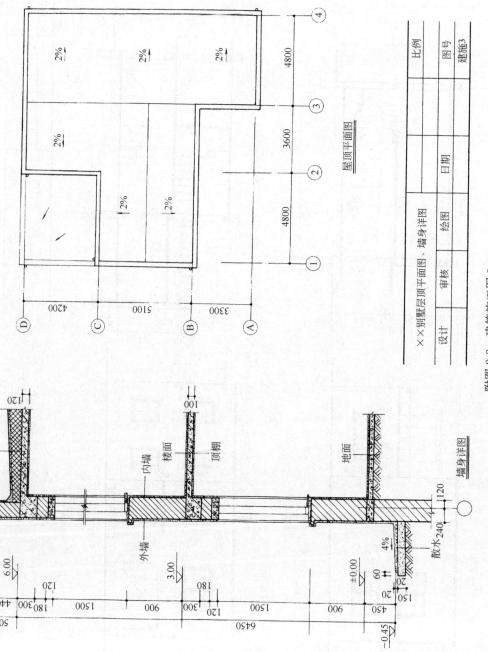

附图 2-3 建筑施工图 3

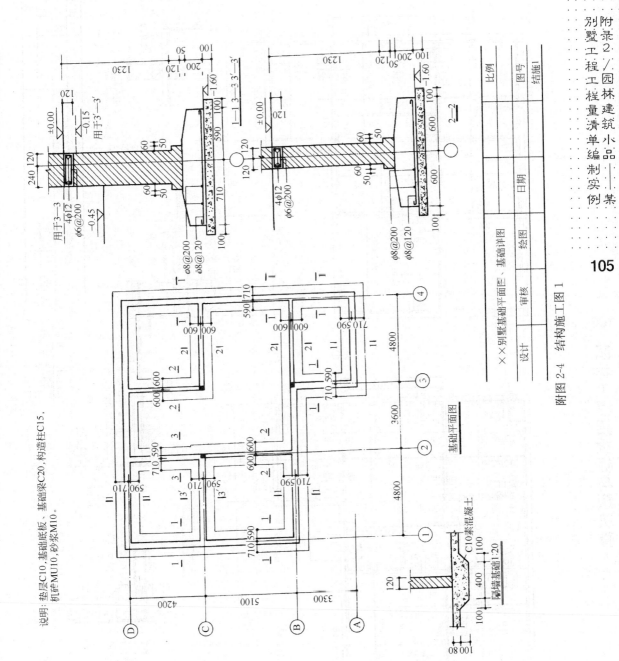

附图 2-4 结构施工图 1

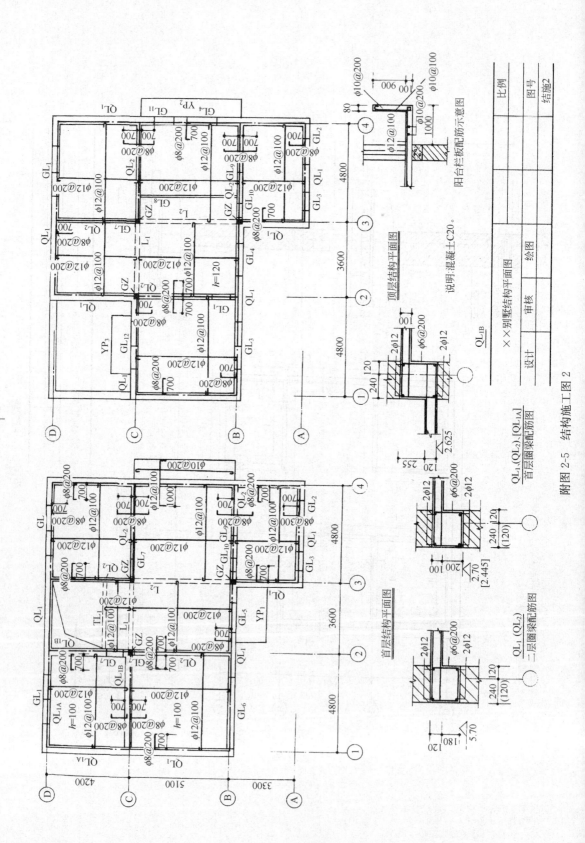

附图 2-5 结构施工图 2

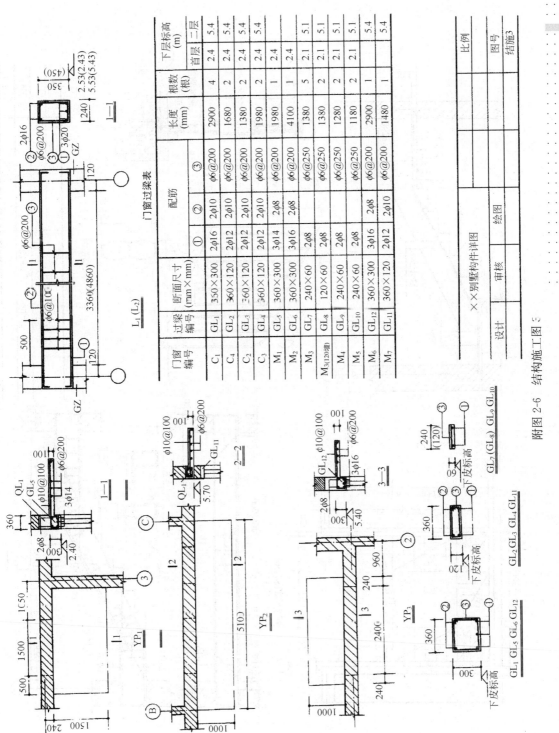

附图 2-6 结构施工图 三

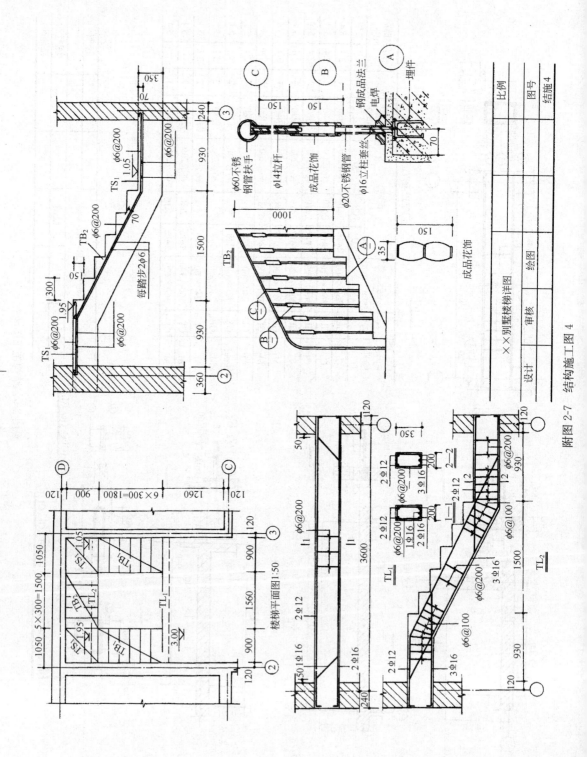

附图 2-7 结构施工图 4

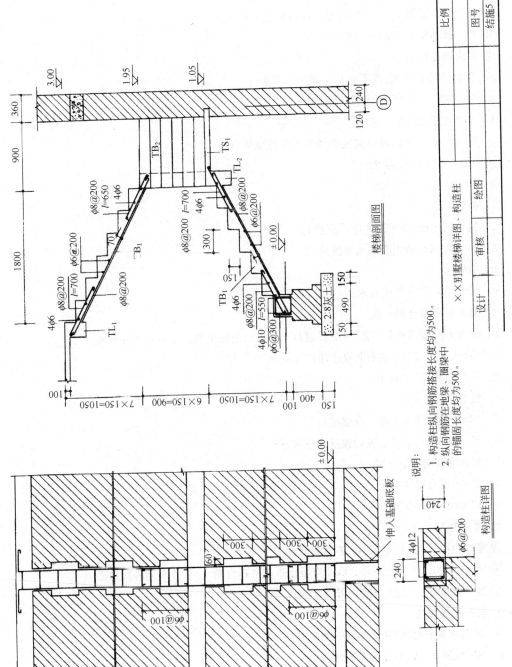

附图 2-8 结构施工图 5

二、某别墅工程做法

① 室外混凝土散水

5mm 厚 C10 混凝土 1：1 水泥砂子压实赶光

150mm 厚混凝土夯实向外坡 4%

② 室内地面做法

A. 彩色水磨石地面（用于大堂、客厅、书房）：

a. 10mm 厚 1：1.25 水泥磨石地面

b. 素水泥浆结合层一道

c. 20mm 厚 1：3 水泥砂浆找平层干后卧玻璃条分格

d. 50mm 厚 C10 混凝土

e. 100mm 厚 3：7 灰土

f. 素土夯实

B. 铺地砖地面（用于卫生间、厨房）：

a. 8mm 厚铺地砖地面干水泥擦缝

b. 撒素水泥面

c. 20mm 厚 1：4 干硬性水泥砂浆结合层

d. 素水泥浆结合层一道

e. 60mm 厚（最高处）1：2：4 细石混凝土从门口处向地漏，不小于 30mm 厚

f. 40mm 厚 1：2：4 细石混凝土随打随抹平

g. 100mm 厚 3：7 灰土

h. 素土夯实

C. 水泥地面（用于车库、存储室）：

a. 200mm 厚 1：2.5 水泥砂浆抹面压实赶光

b. 素水泥浆结合层一道

c. 50mm 厚 C10 混凝土

d. 100mm 厚 3：7 灰土

e. 素土夯实

③ 室内台阶 3：7 灰土一步，素混凝土台阶 150mm

④ 室外台阶 3：7 灰土一步，C20 混凝土基础砖砌台阶 1：2.5 水泥砂浆抹面

⑤ 室外坡道 3：7 灰土一步，混凝土坡道

⑥ 室内楼面做法

A. 彩色水磨石楼面（用于走道、楼梯）：

a. 10mm 厚 1：1.25 水泥磨石地面

b. 素水泥浆结合层一道

c. 20mm 厚 1：3 水泥砂浆找平层干后卧玻璃条分格

d. 混凝土楼板

e. 水磨石踢脚板高 150mm

B. 铺地砖楼面(用于卫生间、衣帽屋)：

a. 8mm 厚铺地砖楼面

b. 素水泥面

c. 40mm 厚(最高处)1:4 干硬性水泥浆向出水口找泛水

d. 最低处不小于 20mm 厚

e. 素水泥浆结合层一道

f. 混凝土楼板

C. 水泥楼面(用于铺地毯的卧室)：

a. 带踢脚板高 150mm

b. 20mm 厚 1:2.5 水泥砂浆抹面压实赶光

c. 素水泥砂浆结合层一道

d. 混凝土楼板

⑦ 墙面做法

A. 内墙 1(用于一般室内抹灰)：

a. 喷内墙涂料

b. 2mm 厚纸筋灰罩面

c. 8mm 厚 1:3:9 水泥石灰膏砂浆打底

d. 刷素水泥砂浆结合层一道

B. 内墙 2(用于卫生间、厨房等，且做到顶)：

a. 白水泥擦缝

b. 贴釉面砖

c. 8mm 厚 1:0.1:2.5 石泥石灰膏浆结合层

d. 12mm 厚 1:3 水泥砂浆打底扫毛或划出纹道

C. 外墙做法：

a. 喷黄色涂料面层

b. 6mm 厚 1:2.5 水泥砂浆罩面

c. 12mm 厚 1:3 水泥砂浆打底扫毛或划出纹道

⑧ 屋面做法

A. 上人屋面(用于露台)：

a. 10mm 厚铺地砖面，干水泥擦缝，每 3m×6m 留 10 宽缝，填 1:3 砂浆

b. 撒素水泥面

c. 水泥防水砂浆结合层

d. 二毡三油防水层

e. 20mm 厚 1:2.5 水泥砂浆找平

f. 干铺加气混凝土块保温层，表面平整扫净均厚 200mm

B. 不上人屋面：

a. 绿豆砂保护层面

b. 二毡三油防水层

c. 20mm 厚 1∶2.5 水泥砂浆找平

d. 1∶6 水泥焦渣最低处 200mm 厚(均厚)。找 2% 坡度,振捣密实,表面抹光

e. 混凝土现浇板

⑨ 木门、铝合金门窗(附表 2-1)

门窗表　　　　　　　　　附表 2-1

门窗编号	洞口尺寸(mm)		数量			备注
	宽	高	一层	二层	共计	
C1	2400	1500	2	2	4	铝合金组合窗
C2	900	1500	1	1	2	铝合金窗
C3	1500	1500		2	2	铝合金窗
C4	1200	1500	1	1	2	铝合金窗
M_1	1500	2400	1		1	双扇外开木门
M_2	3600	2400	1		1	铝合金卷帘门
M_3	900	2100	4	3	7	单扇木门
M_4	800	2100	1	1	2	单扇半玻门
M_5	700	2100	1	1	2	单扇木门
M_6	2400	2400		1	1	四扇铝合金弹簧门
M_7	1000	2400		1	1	铝合金单扇门

注:本做法只作计算工程量用,不作生项定额编制。

⑩ 楼梯面层为水磨石面层嵌玻璃防滑条

⑪ 1∶2.5 水泥砂浆抹雨篷、外刷涂料

⑫ 露台钢管栏杆、不锈钢扶手

三、工程量计算(附图 2-1～附图 2-8)

① 建筑面积:

a. 首层建筑面积 $S = 13.68 \times 13.08 - (4.8 + 3.6) \times 3.3 = 178.93 - 27.72 = 151.21 m^2$

b. 二层建筑面积 $S = 13.68 \times 13.08 - (4.8 + 3.6) \times 3.3 - 4.8 \times 4.2 + 1/2 \times 1 \times 5.1$
$= 178.93 - 47.88 + 2.55 = 133.60 m^2$

$S_{总} = 151.214 + 133.60 = 284.81 m^2$

② 平整场地:$S_{总} = 13.68 \times 13.08 - (4.8 + 3.6) \times 3.3 = 178.93 - 27.72 = 151.21 m^2$

③ 挖槽工程量:

a. 外墙　中心线长 $= (4.8 + 3.6 + 4.8 + 0.06 \times 2 + 3.3 + 5.1 + 4.2 + 0.06 \times 2) \times 2 = 52.08 m$

　　　　　高 $= 1.7 - 0.45 = 1.25 m$

　　　　　宽 $= 1.3 + 0.1 \times 2 + 0.3 \times 2 = 2.1 m$

　　　　　$V_{外} = 1.25 \times 2.1 \times 52.08 = 136.71 m^3$

b. 内墙

2-2 净长 = 5.1-0.59×2-0.1×2-0.3×2+4.2-0.59+0.6+4.8-0.59×2-0.1×2-0.3×
         2+4.8-0.6-0.59-0.1×2-0.3×2 = 3.12+4.21+2.82+2.81 = 12.96m

2-2 断面宽 = 1.2+0.1×2+0.3×2 = 2.0m

高 = 1.7-0.45 = 1.25m

3-3、3′-3′净长 = 4.2-0.71-0.59-0.1×2-0.3×2+4.8-0.59+0.6 = 2.1+4.81 = 6.91m

3-3 断面宽 = 1.3+0.1×2+0.3×2 = 2.1m

高 = 1.7-0.45 = 1.25m

$V_{内} = V_{2-2} + V_{3-3,3'-3'} = 1.25×2.0×12.96 + 1.25×2.1×6.91 = 32.4 + 18.14 = 50.54m^3$

$V_{总} = V_{外} + V_{内} = 136.71 + 50.54 = 187.25m^3$

④ 回填土：$V = 187.25×60\% = 112.35m^3$

⑤ 槽底钎探：

a. 外墙　长 = 52.08m

宽 = 1.3+0.1×2+0.3×2 = 2.1m

$S_{外} = 2.1×52.08 = 109.37m^2$

b. 内墙　2-2 断面宽 = 1.2+0.1×2+0.3×2 = 2.0m

3-3、3′-3′断面宽 = 1.3+0.1×2+0.3×2 = 2.1m

2-2 净长 = 5.1-0.59×2-0.1×2-0.3×2+4.2-0.59+0.6+4.8-0.59×2-0.1×2-0.3×
         2+4.8-0.6-0.59-0.1×2-0.3×2 = 12.96m

3-3、3′-3′净长 = 4.2-0.71-0.59-0.1×2-0.3×2+4.8-0.59+0.6 = 6.91m

$S_{2-2} = 2.0×12.96 = 25.92m^2$

$S_{3-3,3'-3'} = 2.1×6.91 = 14.51m^2$

$S_{内} = 25.92 + 14.51 = 40.43m^2$

$S_{总} = S_{外} + S_{内} = 109.37 + 40.43 = 149.80m^2$

⑥ 混凝土基础垫层：

a. 外墙　长 = 52.08m

宽 = 1.3+0.1×2 = 1.5m

厚 = 0.1m

$V_{外} = 52.08×1.5×0.1 = 7.812m^3$

b. 内墙　3-3、3′-3′净长 = 4.2-0.59-0.71-0.1×2+4.8-0.59+0.6 = 7.51m

2-2 净长 = 5.1-0.59×2-0.1×2+4.2-0.59+0.6+4.8-0.59×2-0.1×2+4.8-0.6-
         0.59-0.1×2 = 14.76m

2-2 断面宽 = 1.2+0.1×2 = 1.4m

3-3、3′-3′断面宽 = 1.3+0.1×2 = 1.5m

厚 = 0.1m

$V_{内} = 7.51×1.5×0.1 + 14.76×1.4×0.1 = 3.193m^3$

$V_{总} = V_{外} + V_{内} = 7.812 + 3.193 = 11.01m^3$

⑦ 钢筋混凝土基础：

a. 外墙　长 = 52.08m

　　　　宽 = 1.3m

　　　　厚 = 0.25m

$V_{外}$ = 52.08 × 1.3 × 0.25 = 16.93m³

b. 内墙　2-2 净长 = 5.1 - 0.59 × 2 + 4.2 - 0.59 + 0.6 + 4.8 - 0.59 × 2 + 4.8 - 0.6 - 0.59

　　　　　　　 = 15.36m

3-3、3′-3′净长 = 4.2 - 0.59 - 0.71 + 4.8 - 0.59 + 0.6 = 7.71m

2-2 断面宽 = 1.2m

3-3、3′-3′断面宽 = 1.3m

$V_{内}$ = 15.36 × 1.2 × 0.25 + 7.71 × 1.3 × 0.25 = 7.11m³

$V_{总}$ = $V_{外}$ + $V_{内}$ = 16.93 + 7.11 = 24.04m³

⑧ 砖基础：

a. 外墙　1-1 长 = 52.08 - 3.6 = 48.48m

　　　　宽 = 0.365m

　　　　高 = 1.23m

　　　4-4 长 = 3.6m

　　　　宽 = 0.365m

　　　　高 = 1.23 - 0.15 = 1.08m

$V_{外}$ = 48.48 × 0.365 × 1.23 + 48.48 × 0.007875 × 2 + 3.6 × 0.365 × 1.08 + 3.6 × 0.007875 × 2

　　 = 21.765 + 0.764 + 1.419 + 0.057 = 24.005m³

b. 内墙　2-2 净长 = 5.1 - 0.12 × 2 + 4.2 - 0.12 + 0.12 + 4.8 - 0.12 × 2 + 4.8 - 0.12 × 2 = 18.18m

　　　　宽 = 0.24m

3-3、3′-3′净长 = 4.2 - 0.12 - 0.24 + 4.8 - 0.12 + 0.12 = 8.64m

　　　　宽 = 0.365m

　　　　高 = 1.23m

V = 18.18 × 0.24 × 1.23 + 18.18 × 0.007875 × 2 + 8.64 × 1.23 × 0.365 + 8.64 × 0.007875 × 2

　 = 5.367 + 0.286 + 3.879 + 0.136 = 9.668

扣除构造柱体积 = 0.24 × 0.24 × 1.23 × 3 = 0.21m³

$V_{内}$ = 9.668 - 0.21 = 9.458m³

$V_{总}$ = 24.005 + 9.458 = 33.46m³

⑨ 钢筋混凝土地圈梁：

a. 外墙　1-1、4-4 长 = 52.08m

　　　　　　宽 = 0.36m

　　　　　　厚 = 0.12m

$V_{外}$ = 52.08 × 0.36 × 0.12 = 2.25m³

b. 内墙　2-2、净长 = 5.1 - 0.12 × 2 + 4.2 - 0.2 + 4.8 - 0.12 × 2 + 4.8 - 0.12 = 18.18m

　　　　　　宽 = 0.24m

3-3、3′-3′净长 = 4.2 - 0.12 - 0.24 + 4.8 - 0.12 + 0.12 = 8.64m

　　　　　宽 = 0.36m

　　　　　厚 = 0.12m

$V_内$ = 18.18 × 0.24 × 0.12 + 8.64 × 0.36 × 0.12 = 0.524 + 0.373 = 0.897m³

$V_总$ = $V_外$ + $V_内$ = 2.25 + 0.897 = 3.15m³

⑩ 砌墙工程量：

A. 外墙

a. 首层 Ⅰ. 长 = 52.08 - 4.2 + 0.24 - 0.06 - 4.8 + 0.24 - 0.06 = 43.44m

　　　　　宽 = 0.365m

　　　　　高 = 3m

　　　Ⅱ. 长 = 4.2 - 0.24 + 0.06 + 4.8 - 0.24 + 0.06 = 8.64m

　　　　　宽 = 0.365m

　　　　　高 = 2.745m

　　　　　V = 43.44 × 0.365 × 3 + 8.64 × 0.365 × 2.745 = 47.567 + 8.657 = 56.224m³

女儿墙　长 = 4.2 - 0.24 + 0.12 + 4.8 - 0.24 + 0.12 = 8.76m

　　　　宽 = 0.24m

　　　　高 = 0.44m

　　　　V = 8.76 × 0.24 × 0.44 = 0.925m³

b. 二层　长 = 52.08m

　　　　宽 = 0.365m

　　　　高 = 3m

V = 52.08 × 0.365 × 3 = 57.028m³

女儿墙　长 = 52.08 + 0.06 × 8 = 52.56m

　　　　宽 = 0.24m

　　　　高 = 0.44m

V = 52.56 × 0.24 × 0.44 = 5.550m³

应扣除：

门窗洞口

V_{C1} = 2.4 × 1.5 × 0.365 × 4 = 5.256m³

V_{C2} = 0.9 × 1.5 × 0.365 × 2 = 0.986m³

V_{C3} = 1.5 × 1.5 × 0.365 × 2 = 1.643m³

V_{C4} = 1.2 × 1.5 × 0.365 × 2 = 1.314m³

V_{M1} = 1.5 × 2.4 × 0.365 = 1.314m³

V_{M2} = 3.6 × (2.4 - 0.15) × 0.365 = 2.956m³

V_{M6} = 2.4 × 2.4 × 0.365 = 2.102m³

V_{M7} = 1 × 2.4 × 0.365 = 0.876m³

圈梁、过梁

V_{QL1} = 52.08 × 0.3 × 0.36 × 2 = 11.25m³

V_{GL1} = 0.36 × 0.3 × 2.9 × 4 = 1.253m³

$V_{GL2} = 0.36 \times 0.12 \times 1.68 \times 2 = 0.145 m^3$

$V_{GL3} = 0.36 \times 0.12 \times 1.38 \times 2 = 0.119 m^3$

$V_{GL4} = 0.36 \times 0.12 \times 1.98 \times 2 = 0.171 m^3$

$V_{GL5} = 0.36 \times 0.3 \times 1.98 = 0.214 m^3$

$V_{GL6} = 0.36 \times 0.3 \times 4.1 = 0.443 m^3$

$V_{GL11} = 0.36 \times 0.12 \times 1.48 = 0.064 m^3$

$V_{GL12} = 0.36 \times 0.3 \times 2.9 = 0.313 m^3$

$V = 56.224 + 0.925 + 57.028 + 5.550 - 5.256 - 0.986 - 1.643 - 1.314 - 1.314 - 2.956 - 2.102 - 0.876 - 11.25 - 1.253 - 0.145 - 0.119 - 0.171 - 0.214 - 0.443 - 0.313 - 0.064 = 89.308 m^3$

B. 内墙

a. 首层2-2、净长 $= 5.1 - 0.12 \times 2 - 4.2 - 0.12 + 0.12 + 4.8 - 0.12 \times 2 + 4.8 - 0.12 \times 2 = 18.18 m$

宽 $= 0.24 m$

高 $= 3 m$

3-3、3′-3′净长 $= 4.2 - 0.12 - 0.24 + 4.8 - 0.12 + 0.12 = 8.64 m$

宽 $= 0.365 m$

高 $= 3 m$

$V = 18.18 \times 0.24 \times 3 + 8.64 \times 0.365 \times 3 = 13.090 + 9.461 = 22.551 m^3$

b. 二层净长 $= 5.1 - 0.12 \times 2 + 4.2 - 0.2 + 4.8 - 0.12 \times 2 + 4.8 - 0.12 = 18.18 m$

宽 $= 0.24 m$

高 $= 3 m$

$V = 18.18 \times 0.24 \times 3 = 13.090 m^3$

应扣除：

门窗洞口

$V_{M3(0.36墙)} = 0.9 \times 2.1 \times 0.365 = 0.690 m^3$

$V_{M3(0.24墙)} = 0.9 \times 2.1 \times 0.24 \times 4 = 1.814 m^3$

$V_{M4} = 0.8 \times 2.1 \times 0.24 \times 2 = 0.806 m^3$

$V_{M5} = 0.7 \times 2.1 \times 0.24 \times 2 = 0.706 m^3$

圈梁、过梁

$V_{QL1B} = 8.64 \times 0.365 \times 0.355 = 1.120 m^3$

$V_{QL2} = 18.18 \times 0.24 \times 0.3 \times 2 = 2.618 m^3$

$V_{GL7} = 0.24 \times 0.06 \times 1.38 \times 4 = 0.079 m^3$

$V_{GL9} = 0.24 \times 0.06 \times 1.28 \times 2 = 0.037 m^3$

$V_{GL10} = 0.24 \times 0.06 \times 1.18 \times 2 = 0.034 m^3$

$V_{GL7A} = 0.36 \times 0.06 \times 1.38 = 0.030 m^3$

$V_{内} = 22.551 + 13.090 - 0.690 - 1.814 - 0.806 - 0.706 - 1.120 - 2.618 - 0.079 - 0.037 - 0.034 - 0.030 = 27.71 m^3$

$V_{总} = 89.308 + 27.72 = 117.02 m^3$（未减构造柱）

⑪ 砌半砖墙：

$a.$ 首层　$V_卫 = (3.3-0.24) \times 0.115 \times 2.9 = 1.021 m^3$

$V_贮 = (1.08-0.12+3.6-0.12) \times 0.115 \times (2.9+0.15) = 1.557 m^3$

扣除　$V_{GL8} = 0.12 \times 0.06 \times 1.38 = 0.010 m^3$

$V_{M3} = 0.9 \times 2.1 \times 0.115 = 0.217 m^3$

$V_首 = V_卫 + V_贮 = 1.021 + 1.557 - 0.010 - 0.217 = 2.35 m^3$

$b.$ 二层　$V_卫 = (3.3-0.24) \times 0.115 \times (6.0-3-0.12) = 1.013 m^3$

$V_卧 = (5.1-0.24) \times 0.115 \times 2.88 = 1.610 m^3$

扣除　$V_{GL8} = 0.12 \times 0.06 \times 1.38 = 0.010 m^3$

$V_{M3} = 0.9 \times 2.1 \times 0.115 = 0.217 m^3$

$V_二 = V_卫 + V_卧 = 1.013 + 1.610 - 0.010 - 0.217 = 2.396 m^3$

$V_总 = V_首 + V_二 = 2.350 + 2.396 = 4.75 m^3$

⑫ 地面工程：

$a.$ 首层　$S_{书房} = (4.8-0.36) \times (4.2-0.36) = 17.050 m^2$

$S_{客厅} = (4.8-0.24) \times (4.2-0.24) = 18.057 m^2$

$S_{大厅} = (3.6+4.8-0.24) \times (5.1-0.24) + (3.6-0.24) \times 4.2 - (1.08-0.12) \times 1.26 =$
　　　　　$39.658 + 14.112 - 1.210 = 52.560 m^2$

$S_{卫、厨} = (4.8-0.24) \times (3.3-0.24) = 13.954 m^2$

$S_{车、贮} = (5.1-0.24) \times (4.8-0.24) = 22.162 m^2$

$S_首 = 17.050 + 18.057 + 52.560 + 13.954 + 22.162 = 123.783 m^2$

$b.$ 二层

$S_{卧1} = (4.8-0.24) \times (5.1-0.24) = 22.162 m^2$

$S_{卧2} = (4.8-0.24) \times (4.2-0.24) = 18.058 m^2$

$S_{卧3走道} = (3.6+4.8-0.24) \times (5.1-0.24) + (3.6-0.24) \times 4.2 - (3.6-0.24 \times (1.8+0.9+$
　　　$0.2) = 39.658 + 14.112 - 9.744 = 44.026 m^2$

$S_{卫、衣} = (4.8-0.24) \times (3.3-0.24) = 13.954 m^2$

$S_二 = 22.162 + 18.058 + 44.026 + 13.954 = 98.200 m^2$

$S_总 = S_首 + S_二 = 123.783 + 98.200 = 221.98 m^2$

⑬ 楼梯：

$S = (3.6-0.12 \times 2) \times (0.9+1.8+0.2) - 1.56 \times 1.8 = 9.744 - 2.808 = 6.94 m^2$

⑭ 雨篷：$S_{YP1} = (1.05+1.5+0.5-0.24) \times 1.5 = 4.215 m^2$

$S_{YP2} = 5.1 \times 1 = 5.1 m^2$

$S_{YP3} = (0.24+2.4+0.24) \times 1 = 2.88 m^2$

$S_总 = S_{YP1} + S_{YP2} + S_{YP3} = 4.215 + 5.1 + 2.88 = 12.20 m^2$

⑮ 散水：$S = (13.68+13.08) \times 2 \times 0.8 = 53.52 \times 0.8 = 42.82 m^2$

⑯ 内墙内面抹灰：

$a.$ 首层

$S_{书房} = (4.8-0.36+4.2-0.36) \times 2 \times 2.645 - 2.4 \times 1.5 - 0.9 \times 2.1$

　　　$= 38.311 m^2$

$S_{车库} = [(4.8 - 1.08 - 0.12 + 5.1 - 0.24) \times 2 - (0.36 + 0.9 + 0.24 - 0.24)]$
$\quad\quad \times 3.05 - 3.6 \times 2.4 - 0.9 \times 2.1 + [(1.08 - 0.12) \times 2 + 1.26] \times 2.9 - 0.9 \times 2.1$
$\quad\quad = (16.92 - 1.26) \times 3.05 - 8.64 - 1.89 + 9.222 - 1.89 = 44.565 m^2$

$S_{贮藏室} = (1.08 - 0.24 + 3.6 - 0.12) \times 2 \times 3.05 - 0.9 \times 2.1 = 26.352 - 1.89 = 24.462 m^2$

$S_{客厅} = (4.8 - 0.24 + 4.2 - 0.24) \times 2 \times 2.9 - 2.4 \times 1.5 - 0.9 \times 2.1$
$\quad\quad = 49.416 - 3.6 - 1.89 = 43.926 m^2$

$S_{大厅} = (3.6 + 4.8 - 0.24 + 5.1 - 0.24) \times 2 \times 2.9 + 4.2 \times 2 \times 2.9 - 1.5 \times 2.4 - 0.9 \times 2.1 \times 3 - 0.8$
$\quad\quad \times 2.1 - 0.7 \times 2.1 = 75.516 + 24.36 - 3.6 - 5.67 - 1.68 - 1.47 = 87.456 m^2$

$S_{总} = 38.311 + 44.565 + 24.462 + 43.926 + 87.456 = 238.72 m^2$

b. 二层

$S_{卧1} = (5.1 - 0.24 + 4.8 - 0.24) \times 2 \times 2.88 - 2.4 \times 1.5 - 2.4 \times 2.4 - 0.9 \times 2.1$
$\quad\quad = 54.259 - 3.6 - 5.76 - 1.89 = 43.009 m^2$

$S_{卧2} = (4.8 - 0.24 + 4.2 - 0.24) \times 2 \times 2.88 - 2.4 \times 1.5 - 0.9 \times 2.1$
$\quad\quad = 49.075 - 3.6 - 1.89 = 43.585 m^2$

$S_{卧3} = (3.6 - 0.06 - 0.12 + 5.1 - 0.24) \times 2 \times 2.88 - 0.9 \times 2.1 - 0.8 \times 2.1 - 1 \times 2.4 - 1.5 \times 1.5$
$\quad\quad = 39.473 m^2$

$S_{大厅} = [(3.6 + 1.2 - 0.18 + 5.1 - 0.24) + 4.2] \times 2 \times 2.88 - 0.9 \times 2.1 \times 3 - 0.7 \times 2.1 - 1.5 \times 1.5$
$\quad\quad = 78.797 - 5.67 - 1.47 - 2.25 = 69.407 m^2$

$S_{总} = 43.009 + 43.585 + 39.473 + 69.407 = 195.474 m^2$

⑰ 顶棚抹灰：

a. 首层　$S_{书房} = (4.8 - 0.12 - 0.24) \times (4.2 - 0.24 - 0.12) = 17.050 m^2$

$\quad\quad S_{车库} = (4.8 - 0.24) \times (5.1 - 0.24) = 22.162 m^2$

$\quad\quad S_{客厅} = (4.8 - 0.24) \times (4.2 - 0.24) = 18.058 m^2$

$\quad\quad S_{大堂} = (8.4 - 0.24) \times (5.1 - 0.24) + (3.6 - 0.24) \times 4.2 - 2.9 \times 3.36$
$\quad\quad\quad\quad = 39.658 + 14.112 - 9.744 = 44.026 m^2$

$\quad\quad S_{梁侧面} = 2 \times 0.35 \times 3.36 + 2 \times 0.45 \times 4.86 = 6.726 m^2$

$\quad\quad S_{厨、卫} = (4.8 - 0.24) \times (3.3 - 0.24) = 13.954 m^2$

$\quad\quad S_{总} = 17.050 + 22.162 + 18.058 + 44.026 + 6.726 + 13.954 = 121.976 m^2$

b. 二层　$S_{卧1} = (4.8 - 0.24) \times (5.1 - 0.24) = 22.162 m^2$

$\quad\quad S_{卧2} = (4.8 - 0.24) \times (4.2 - 0.24) = 18.058 m^2$

$\quad\quad S_{卧3走道} = (8.4 - 0.24) \times (5.1 - 0.24) + (3.6 - 0.24) \times 4.2$
$\quad\quad\quad\quad = 39.658 + 14.112 = 53.770 m^2$

$\quad\quad S_{侧梁面} = 3.36 \times 0.35 \times 2 + 4.86 \times 0.45 \times 2 = 2.352 + 4.374 = 6.726 m^2$

$\quad\quad S_{卫、厨} = (4.8 - 0.24) \times (3.3 - 0.24) = 13.954 m^2$

$\quad\quad S_{总} = 22.162 + 18.058 + 53.770 + 6.726 + 13.954 = 114.67 m^2$

⑱ 构造柱：

a. 首层

$V = 2.53 \times 0.27 \times 0.3 + 2.43 \times 0.27 \times 0.27 + 2.43 \times 0.27 \times 0.3$

$= 0.205 + 0.177 + 0.197 = 0.579 m^3$

b. 二层

$V = (5.53 - 3) \times 0.27 \times 0.3 + (5.43 - 3) \times 0.27 \times 0.27 + (5.43 - 3) \times 0.27 \times 0.3$

　　$= 0.579 m^3$

$V_{总} = 0.579 + 0.579 = 1.158 m^3$

⑲ 钢筋混凝土圈梁：

a. 首层

(a) 外墙　QL_1、QL_{1A} 长 $= 52.08 m$

　　　　　宽 $= 0.36 m$

　　　　　高 $= 0.3 m$

　　　　　$V_{外} = 52.08 \times 0.36 \times 0.3 = 5.625 m^3$

(b) 内墙　QL_{1B} 长 $= 4.2 - 0.12 - 0.24 + 4.8 - 0.12 + 0.12 = 8.64 m$

　　　　　宽 $= 0.36 m$

　　　　　高 $= 0.355 m$

$V = 8.64 \times 0.36 \times 0.355 = 1.104 m^3$

QL_2 长 $= 5.1 - 0.12 \times 2 + 4.2 - 0.2 + 4.8 - 0.12 \times 2 + 4.8 - 0.12 = 18.18 m$

　　宽 $= 0.24 m$

　　高 $= 0.3 m$

$V = 18.18 \times 0.24 \times 0.3 = 1.309 m^3$

$V_{内} = 1.104 + 1.309 = 2.413 m^3$

$V_{首} = 5.625 + 2.413 = 8.038 m^3$

b. 二层

(a) 外墙　$V_{QL1} = 52.08 m$

　　　　　宽 $= 0.36 m$

　　　　　高 $= 0.3 m$

　　　　　$V_{外} = 52.08 \times 0.36 \times 0.3 = 5.625 m^3$

(b) 内墙　QL_2 长 $= 5.1 - 0.12 \times 2 + 4.2 - 0.2 + 4.8 - 0.12 \times 2 + 4.8 - 0.12 = 18.18 m$

　　　　　宽 $= 0.24 m$

　　　　　高 $= 0.3 m$

$V_{内} = 18.18 \times 0.24 \times 0.3 = 1.309 m^3$

$V_{二} = 5.625 + 1.309 = 6.934 m^3$

$V_{总} = V_{首} + V_{二} = 8.038 + 6.934 = 14.97 m^3$

⑳ 钢筋混凝土有梁板工程量：

a. 首层　$V_{书房} = (4.8 - 0.36) \times (4.2 - 0.36) \times 0.1 = 1.705 m^3$

　　　　$V_{车库} = (4.8 - 0.24) \times (5.1 - 0.24) \times 0.1 = 2.216 m^3$

　　　　$V_{客厅} = (4.8 - 0.24) \times (4.2 - 0.24) \times 0.1 = 1.806 m^3$

　　　　$V_{卫、厨} = (4.8 - 0.24) \times (3.3 - 0.24) \times 0.1 = 1.395 m^3$

　　　　$V_{大厅} = [(3.6 + 4.8 - 0.24) \times (5.1 - 0.24) + (3.6 - 0.24) \times (1.26 - 0.2 + 0.24)] \times$

$$0.1 = 4.403\text{m}^3$$
$$V_{梁} = 0.24 \times 0.35 \times (3.36 + 0.24) + 0.24 \times 0.45 \times (4.8 + 0.24 \times 2)$$
$$= 0.302 + 0.577 = 0.879\text{m}^3$$
$$V_{首} = 1.705 + 2.216 + 1.806 + 1.395 + 4.403 + 0.879 = 12.404\text{m}^3$$

b. 二层 $V_{卧1} = (4.8 - 0.24) \times (5.1 - 0.24) \times 0.12 = 2.659\text{m}^3$
$$V_{卧2} = (4.8 - 0.24) \times (4.2 - 0.24) \times 0.12 = 2.167\text{m}^3$$
$$V_{卫、厨} = (4.8 - 0.24) \times (3.3 - 0.24) \times 0.12 = 1.674\text{m}^3$$
$$V_{走道、卧3} = [(3.6 + 4.8 - 0.24) \times (5.1 - 0.24) + (3.6 - 0.24) \times 4.2] \times 0.12$$
$$= 6.452\text{m}^3$$
$$V_{梁} = 0.24 \times 0.35 \times (3.36 + 0.24) + 0.24 \times 0.45 \times (4.86 + 0.48)$$
$$= 0.302 + 0.577 = 0.879\text{m}^3$$
$$V_{二} = 2.659 + 2.167 + 1.674 + 6.452 + 0.879 = 13.831\text{m}^3$$
$$V_{总} = V_{首} + V_{二} = 12.404 + 13.831 = 26.24\text{m}^3$$

㉑ 门窗工程量：
$$S_{铝合金窗} = 2.4 \times 1.5 \times 4 + 0.9 \times 1.5 \times 2 + 1.5 \times 1.5 \times 2 + 1.2 \times 1.5 \times 2$$
$$= 14.4 + 2.7 + 4.5 + 3.6 = 25.2\text{m}^2$$
$$S_{木门} = 1.5 \times 2.4 + 0.9 \times 2.1 \times 7 + 0.7 \times 2.1 \times 2 = 3.6 + 13.23 + 2.94 = 19.77\text{m}^2$$
$$S_{铝合金卷帘门} = 3.6 \times (2.4 + 0.6) = 10.8\text{m}^2$$
$$S_{单扇半玻门} = 0.8 \times 2.1 \times 2 = 3.36\text{m}^2$$
$$S_{四扇铝合金弹簧门} = 2.4 \times 2.4 = 5.76\text{m}^2$$
$$S_{铝合金单扇门} = 1 \times 2.4 = 2.4\text{m}^2$$

㉒ 钢筋混凝土过梁：
$$4GL_1 = 0.36 \times 0.3 \times 2.9 \times 4 = 1.253\text{m}^3$$
$$2GL_2 = 0.36 \times 0.12 \times 1.68 \times 2 = 0.145\text{m}^3$$
$$2GL_3 = 0.36 \times 0.12 \times 1.38 \times 2 = 0.119\text{m}^3$$
$$2GL_4 = 0.36 \times 0.12 \times 1.98 \times 2 = 0.171\text{m}^3$$
$$GL_5 = 0.36 \times 0.3 \times 1.98 = 0.214\text{m}^3$$
$$GL_6 = 0.36 \times 0.3 \times 4.1 = 0.443\text{m}^3$$
$$4GL_7 = 0.24 \times 0.06 \times 1.38 \times 4 = 0.079\text{m}^3$$
$$GL_{7A} = 0.36 \times 0.06 \times 1.38 = 0.029\text{m}^3$$
$$2GL_8 = 0.12 \times 0.06 \times 1.38 \times 2 = 0.020\text{m}^3$$
$$2GL_9 = 0.24 \times 0.06 \times 1.28 \times 2 = 0.037\text{m}^3$$
$$2GL_{10} = 0.24 \times 0.06 \times 1.18 \times 2 = 0.034\text{m}^3$$
$$GL_{11} = 0.36 \times 0.12 \times 1.48 = 0.064\text{m}^3$$
$$GL_{12} = 0.36 \times 0.3 \times 2.9 = 0.313\text{m}^3$$
$$V_{总} = 1.253 + 0.145 + 0.119 + 0.171 + 0.214 + 0.443 + 0.079 + 0.029 + 0.020$$
$$+ 0.037 + 0.034 + 0.064 + 0.313 = 2.921\text{m}^3$$

㉓ 外窗台抹面：

$S_{C1} = (2.4 + 0.2) \times 0.36 \times 4 = 3.744 m^2$

$S_{C2} = (0.9 + 0.2) \times 0.36 \times 2 = 0.792 m^2$

$S_{C3} = (1.5 + 0.2) \times 0.36 \times 2 = 1.224 m^2$

$S_{C4} = (1.2 + 0.2) \times 0.36 \times 2 = 1.008 m^2$

$S_{总} = 3.744 + 0.792 + 1.224 + 1.008 = 6.77 m^2$

㉔ 别墅屋顶找平层：

$S_{首层} = S_{水平} + S_{卷起} = (4.2 - 0.24) \times (4.8 - 0.24) + (4.2 + 4.8 - 0.24 \times 2) \times 2 \times 0.25$

$\quad = 18.058 + 4.26 = 22.318 m^2$

$S_{二层} = S_{水平} + S_{卷起} - S_1 - S_2$

$\quad = (4.2 + 5.1 + 3.3) \times (4.8 + 3.6 + 4.8) + (4.2 + 5.1 + 3.3 + 4.8 + 3.6 + 4.8) \times 2 \times 0.25 -$

$\quad\quad 4.2 \times 4.8 - 3.3 \times (4.8 + 3.6)$

$\quad = 166.32 + 12.9 - 20.16 - 27.72 = 131.34 m^2$

$S_{总} = S_{首层} + S_{二层} = 22.318 + 131.34 = 153.66 m^2$

㉕ 水磨石地面：

a. 素土夯实

$V = $ 室内净面积 $\times$ 厚

$\quad = 88.88 \times 0.15 = 13.33 m^3$

b. 3∶7 灰土

$V = 88.88 \times 0.1 = 8.89 m^3$

c. C10 混凝土

$V = 88.88 \times 0.05 = 4.44 m^3$

d. 水磨石地面

$S = 88.88 m^2$

㉖ 铺砖地面：

a. 素土夯实

$V = $ 室内净面积 $\times$ 厚

$\quad = 13.59 \times 0.15 = 2.04 m^3$

b. 3∶7 灰土

$V = 13.59 \times 0.1 = 1.36 m^3$

c. 随打随抹

$V = 13.59 \times 0.1 = 1.36 m^3$

d. 地砖面层

$S = 13.59 m^2$

㉗ 水泥砂浆地面：

a. 素土夯实

$V = $ 室内净面积 $\times$ 厚

$\quad = 20.95 \times 0.15 = 3.14 m^3$

b. 3∶7 灰土

$V = 20.95 \times 0.1 = 2.1 m^3$

c. C10 混凝土

$V = 20.95 \times 0.05 = 1.05 m^3$

d. 水泥砂浆地面

$S = 20.95 m^2$

㉘ 室内水磨石踢脚板：

$S = 图例长度 \times 高 + 门侧壁 - 门口$

$S_{厅} = [(8.4 - 0.24) + (9.3 - 0.24)] \times 2 \times 0.15 = 5.166 m^2$

$S_{客厅} = [(4.8 - 0.24) + (4.2 - 0.24)] \times 2 \times 0.15 = 2.556 m^2$

$S_{书} = [(4.8 - 0.36) + (4.2 - 0.36)] \times 2 \times 0.15 = 2.484 m^2$

$S_{门侧} = (0.18 \times 12 + 0.12 \times 4) \times 0.15 = 0.396 m^2$

$S_{门} = (0.9 \times 5 + 1.5 + 0.7 + 0.8) \times 0.15 = 1.125 m^2$

$S_{净} = 9.48 m^2$

㉙ 室内台阶：

a. 开槽

$V = (1.08 - 0.12) \times 1.26 \times 0.15 = 0.18 m^3$

b. 3:7 灰土

$V = (1.08 - 0.12) \times 1.26 \times 0.15 = 0.18 m^3$

c. 混凝土台阶水泥砂浆面

$S = (1.08 - 0.12) \times 1.26 = 1.21 m^2$

㉚ 室外散水：

a. 开槽

$V = 53.52 \times 0.8 \times 0.15 = 6.42 m^3$

b. 3:7 灰土

$V = 53.52 \times 0.8 \times 0.15 = 6.42 m^3$

c. 混凝土散水随打随抹面

$S = 53.52 \times 0.8 = 42.82 m^2$

㉛ 室外台阶：

a. 挖槽

$V = (0.3 \times 2 + 1.05) \times (0.3 \times 2 + 1 - 0.24) \times 0.35 = 0.79 m^3$

b. 3:7 灰土

$V = 1.65 \times 1.36 \times 0.15 = 0.33 m^3$

c. C20 混凝土基础

$V = 1.65 \times 1.36 \times 0.2 = 0.45 m^3$

d. 砖台阶水泥砂浆面

$S = 1.65 \times 1.36 = 2.24 m^2$

㉜ 室外坡道：

a. 开挖

$V = 4 \times 1.5 \times 0.15 = 0.9 m^3$

b. 3∶7灰土

$V = 4 \times 1.5 \times 0.15 = 0.9 m^3$

c. 混凝土坡道

$V = 4 \times 1.5 \times 0.3/3 = 0.6 m^3$

d. 抹坡道

$S = 4 \times 1.5 = 6 m^2$

㉝ 楼地面彩色水磨石踢脚板(楼道处)：

$S = [(4.8 - 0.12) + (5.1 + 4.2 - 1.8 - 0.9 - 0.12) \times 2 + (1.2 - 0.06 + 0.12)] \times 0.15$
$= 2.84 m^2$

㉞ 厕所墙面贴面砖：

$S = $ 室内周长 × 高 + 门窗侧壁 − 门窗口

$S_{卫} = [(2.1 - 0.12 - 0.06) + (3.3 - 0.12 - 0.24)] \times 2 \times (2.9 + 2.88) = 56.182 m^2$

$S_{厨} = [(2.7 - 0.12 - 0.06) + (3.3 - 0.12 - 0.24)] \times 2 \times (2.9 + 2.88) = 63.118 m^2$

$S_{门窗} = 0.8 \times 2.1 \times 2 + 0.7 \times 2.1 \times 2 + 0.9 \times 1.5 \times 2 + 1.2 \times 1.5 \times 2 = 12.6 m^2$

$S_{侧壁} = 0.12 \times 4 \times 2.1 + 0.12 \times 4 \times 1.5 + 0.12 \times 0.8 \times 4 + 0.12 \times 4 \times 0.7 = 2.448 m^2$

$S_{净} = 109.15 m^2$

㉟ 外檐抹水泥砂浆面：

一层：$S = $ 外周圈长 × 高 − 门窗洞口 + 门窗侧壁 − 台阶坡道所占面积

$S_{一层} = (13.68 + 13.08) \times 2 \times (3 + 0.45) + (4.2 + 4.8) \times (0.245 - 0.06)$（露台两边）
$= 186.31 m^2$

$S_{门窗} = 1.5 \times 2.4 + 3.6 \times 2.4 + 2.4 \times 1.5 \times 2 + 0.9 \times 1.5 + 1.2 \times 1.5 = 22.59 m^2$

$S_{门窗侧壁} = (6.3 + 8.4 + 15.6 + 4.8 + 5.4) \times 0.18 = 7.29 m^2$

$S_{台阶花池所占} = (3.24 + 3.3) \times 0.45 = 2.43 m^2$

$S_{坡道所占} = 4 \times 0.3 = 1.2 m^2$

$S_{净} = 166.87 m^2$

二层：

$S = $ 外周圈长 × 高 − 门窗洞口 + 门窗侧壁

$S_{二层} = (13.68 + 13.08) \times 2 \times (3 + 0.5 - 0.06) = 184.109 m^2$

$S_{门窗} = 2.4 \times 2.4 + 2.4 \times 1.5 \times 2 + 2.4 \times 1 + 1.5 \times 1.5 \times 2 + 0.9 \times 1.5 + 1.2 \times 1.5$
$= 23.01 m^2$

$S_{门窗侧壁} = (7.2 + 15.6 + 5.8 + 12 + 4.8 + 5.4) \times 0.18 = 9.144 m^2$

$S_{二层净} = 170.24 m^2$

$S_{二层合计} = 337.11 m^2$

㊱ 外檐刷有色涂料(计算方法同上)：

$S = 337.11 m^2$

㊲ 钢筋混凝土阳台板：

$V = 5.1 \times 1 \times 0.1 = 0.51 m^3$

㊳ 钢筋混凝土栏板：

$V = 5.1 \times 0.9 \times 0.08 = 0.367 m^3$

㊴ 阳台抹面：

$S = 长 \times 展开宽$

$= 5.1 \times 2 = 10.2 m^2$

㊵ 阳台刷涂料：

$S = 10.2 m^2$

㊶ 屋顶混凝土压顶：

$V = V_{露台} + V_{二层}(女儿墙中心线 \times 断面)$

$= (4.2 + 4.8) \times 0.34 \times 0.06 + 52.56 \times 0.34 \times 0.06 = 1.26 m^3$

㊷ 水泥砂浆抹压顶：

$S = S_{露台} + S_{二层}(女儿墙中心线 \times 展开宽)$

$= (4.2 + 4.8) \times 0.56 + 52.56 \times 0.56$

$= 34.47 m^2$

㊸ 压顶刷涂料（计算方法同上）：

$S = 34.47 m^2$

㊹ 屋顶干铺焦渣保温层：

$V = 屋顶面积 \times 均厚$

$V_{露台} = (4.8 - 0.24) \times (4.2 - 0.24) \times 0.2 = 3.612 m^3$

$V_{二层} = (13.2 \times 12.6 - 4.8 \times 4.2 - 8.4 \times 3.3) \times 0.2 = 23.688 m^3$

$V_{合计} = 27.3 m^3$

㊺ 露台铺地砖：

$S = (4.8 - 0.24) \times (4.2 - 0.24) = 18.06 m^2$

㊻ 雨水管：

$L = 板上皮 + 室外差 - 室外上返 150mm$

$= (6 + 0.45 - 0.15) \times 3 = 18.9 m$

$L_{露台} = (6 - 2.98 - 0.15) \times 2 + 2.98 + 0.45 - 0.15 = 9.02 m$

$L_{合计} = 27.92 m$

㊼ 弯头：

$N = 6 个$

㊽ 楼梯及露台处铁栏杆不锈钢扶手：

$L_{露台} = 4.2 + 4.8 = 9 m$

$L_{楼梯} = (1.8 \times 2 + 1.56) \times 1.15(斜长系数) + (1.56 + 0.9) = 8.394 m$

$L_{合计} = 17.39 m$

㊾ 楼梯基础开挖：

$V = 0.9 \times (0.49 + 0.3) \times (0.15 + 0.4 + 0.1) = 0.46 m^3$

㊿ 楼梯基础下 2:8 灰土：

$V = 0.9 \times (0.49 + 0.3) \times 0.15 = 0.11 m^3$

(51) 楼梯砖基础：

$V=0.9\times(0.49\times0.12+0.36\times0.28)=0.144\text{m}^3$

工程量清单计价表(附表 2-2)。

工程量清单计价表　　　　附表 2-2

序号	项目编号	项 目 名 称	单位	工程量	综合单价	合价
1	053101001	平整场地	m^2	151.21	4.67	706
2	053101002	人工挖地槽	m^3	187.25	18.2	3408
3	E.31.B	槽底钎探	m^2	149.8	1.98	297
4	E.31.D	基础垫层混凝土	m^3	11.01	265	2918
5	053301001	钢筋混凝土基础	m^3	24.04	550	13222
6	053201001	砖基础	m^3	33.47	202.99	6794
7	053303001	混凝土地圈梁	m^3	3.14	866	2719
8	053103001	回填土	m^3	112.35	9.47	1064
9	053202001	砌墙	m^3	117.02	225.9	26434.82
10	053202001	砌 1/2 砖墙	m^3	4.74	240.18	1138
11	053501002	彩边水磨石地面	m^2	88.88	44.67	3970
12	E.35.A	地面下素土夯实	m^3	13.33	77.37	1031
13	E.35.A	地面下 100 厚 3：7 灰土垫层	m^3	8.89	115.47	1027
14	E.35.A	地面下 50 厚 C10 混凝土	m^3	4.44	265	1177
15	053502002	铺地砖地面	m^2	13.59	48.88	664
16	E.35.A	地面下素土夯实	m^3	2.04	77.37	158
17	E.35.A	地面下 100 厚 3：7 灰土垫层	m^3	1.36	115.47	157
18	E.35.A	地面下 100 厚垫层	m^3	1.36	8.2	11
19	053501001	水泥砂浆地面面层(代踢)	m^2	20.95	14.94	313
20	E.35.A	地面下素土夯实	m^3	3.14	77.37	243
21	E.35.A	地面下 100 厚 3：7 灰土垫层	m^3	2.1	115.47	242
22	E.35.A	地面下 50 厚 C10 混凝土	m^3	1.05	265	278
23	053504003	室内水磨石踢脚板	m^2	9.48	60.21	571
24	053101002	室外台阶挖槽	m^3	0.79	15.22	12
25	E.35.A	台阶下 3：7 灰土垫层	m^3	0.33	115.47	38
26	053301001	C20 混凝土基础	m^3	0.45	285	128
27	053506003	室外砖台阶水泥砂浆面	m^2	2.24	61.61	138
28	053101002	室内台阶挖槽	m^3	0.18	15.22	3
29	E.33.D	3：7 灰土	m^3	0.18	115.47	21
30	053506003	混凝土台阶水泥浆面	m^2	1.21	61.61	75
31	053101002	室外散水挖槽	m^3	6.42	15.22	98
32	E.33.D	室外散水下 3：7 灰土垫层	m^3	6.42	115.47	741
33	053306002	混凝土散水随打随抹	m^2	42.82	25.6	1096
34	053101002	室外坡道开挖	m^3	0.9	15.22	14
35	E.33.D	坡道下 3：7 灰土垫层	m^3	0.9	115.47	104

续表

序号	项目编号	项目名称	单位	工程量	综合单价	合价
36	053306002	混凝土坡道	m³	0.6	330	198
37	B.1.G	水泥砂浆抹坡道	m²	6	27.2	163
38	053501002	室内楼面彩色水磨石面	m²	27.11	44.67	1211
39	053504003	室内水磨石踢线板	m²	2.42	60.21	171
40	053502002	铺地砖楼面	m²	13.59	48.88	664
41	053501001	水泥砂浆地面(代踢)	m²	57.13	14.94	854
42	010406001	钢筋混凝土整体楼梯	m²	6.94	2460	17072
43	020106002	水磨石楼梯面	m²	6.94	44.67	310
44	010405008	钢筋混凝土雨篷	m²	12.2	1482	18080
45	053603001	水泥砂浆抹雨篷	m³	12.2	46.3	565
46	053601001	内墙面抹面	m²	434.19	11.44	4967
47	053608001	顶棚抹面	m²	236.65	12.3	2911
48	053604003	厨厕墙面贴面砖	m²	109.15	77.33	8441
49	053704001	内墙面顶棚喷涂料	m²	735.6	15.1	11108
50	053603001	外檐：水泥砂浆抹窗台	m²	6.77	12.6	85
51	053601001	外檐：抹水泥砂浆面	m²	337.11	13.13	4426
52	053704001	外檐：刷有色涂料	m²	337.11	8.5	2865
53	053305005	钢筋混凝土阳台板	m³	0.51	1260	643
54	053305005	钢筋混凝土阳台栏板	m³	0.37	1050	389
55	053306001	屋顶混凝土压顶	m³	1.26	420	529
56	053603001	水泥砂浆抹压顶	m²	34.47	19.55	674
57	053704001	刷有色涂料	m²	34.47	14.8	510
58	053603001	水泥砂浆抹阳台	m²	10.2	18.6	190
59	053704001	阳台刷涂料	m²	10.2	14.8	151
60	053302001	钢筋混凝土构造柱	m³	1.168	820	950
61	053303002	钢筋混凝土围梁	m³	14.97	866	12964
62	053305001	钢筋混凝土有梁板	m³	12.61	926	11677
63	053303003	钢筋混凝土过梁	m³	2.66	866	2304
64	生项	屋顶水泥焦渣保温层	m³	27.3	92.6	2528
65	053402001	三毡三油防水层	m²	153.66	27.39	4209
66	E.34.A	水泥砂浆找平层	m²	153.66	8.37	1286
67	053402002	露台防水涂膜屋面	m²	153.66	15.78	2425
68	053502002	露台铺地砖	m²	18.06	66.5	1201
69	010702004	自来水管	m	27.92	15.3	427
70	053505001	楼梯露台铁栏杆不锈钢扶手	m	17.39	638.53	11104
71	A.7.D	弯头	个	6	55	330
72	020406002	铝合金平开窗	m²	25.2	310	7812